Vorwort

AF223096

Dass Sie dieses Buch hier lesen, freut mich aus mehreren Gründen ganz besonders. Zum einen natürlich, weil Sie seine Beschreibung interessant genug fanden, auf den „Kaufen"-Button zu klicken. Ich hoffe, dass der Inhalt des Buches diese Vorschuss-Lorbeeren rechtfertigt.

Zum zweiten freut es mich, weil die Tatsache ein Symptom für die großen Veränderungen in der Buchbranche ist, die letztlich einzelnen Autoren wie mir zugute kommen – statt wie bisher die großen Verlage zu beschenken. Als ich vor acht Jahren mein erstes Fachbuch veröffentlichte, damals zum Thema „Der eigene Internet-Server", dauerte es allein vom Abgeben des Manuskripts bis zum Erscheinen des Buches im Laden ungefähr sechs Monate. Dank Kindle Direct Publishing kann ich, wenn ich heute einen Fehler im Manuskript entdecke, diesen in Minuten korrigieren und das Buch neu auf die Amazon-Plattform laden. Spätestens zwei, drei Tage danach liegt die neue Version im elektronischen Bücherregal. Bei der Druckversion, die Ihnen vorliegt, dauert es etwas länger. Doch auch sie wird „on demand" gedruckt.

Und: vom Verkaufspreis des Titels, der bei einem renommierten Münchner Fachverlag erschien, immerhin stolze 40 Euro, erhielt ich etwa neun Prozent als Honorar. Amazon hingegen bietet heute Modelle mit 35 und mit 70 Prozent Autorenbeteiligung an. Die Änderung hilft nicht nur den Autoren, sondern auch den Lesern: Sie macht erst wirklich günstige Buchpreise möglich, zumal ja auch die Druckkosten entfallen. Es findet keine Entwertung des Buchmarktes statt, wie es große Verlage gern glauben machen möchten, sondern eine Umverteilung der Erlöse. Und davon profitieren Sie, lieber Leser, liebe Leserin dieses Buches, wenn Sie Ihren Kindle auch in Zukunft fleißig zum Downloaden elektronischer Titel verwenden. Ich hoffe, ich kann Ihnen helfen, dabei effizient und mit Spaß vorzugehen. Alle Anleitungen und Tipps in diesem Buch sind mit größtmöglicher Sorgfalt recherchiert und von mir eigenhändig geprüft – ich berichte nichts vom Hörensagen. Sollten Sie trotzdem Ungenauigkeiten finden – oder einfach nur eine Frage stellen wollen – dann wenden Sie sich am besten per E-Mail an mich: kindle@matting.de. Das nutzt nicht nur Ihnen, sondern auch künftigen Lesern, denn viele solcher E-Mail-Fragen fand ich so spannend, dass ich sie in einer nachfolgenden Auflage in das Handbuch aufgenommen habe.

Apropos nachfolgende Ausgabe: Dies ist nun schon die zweite Auflage des inoffiziellen Kindle-Handbuchs. Ich habe alle Tipps und Hinweise mit Bezug auf den neuen Kindle 4 aktualisiert – und, wo es sinnvoll ist, kommt auch schon der brandneue Kindle Touch zur Sprache, der in Deutschland noch gar nicht erhältlich ist.

Viel Spaß beim Lesen, und viel Erfolg mit Ihrem Kindle!
Matthias Matting

Grundlagen

Amazon hat derzeit in Deutschland zwei E-Reader im Angebot: den Kindle Keyboard (auch "Kindle 3" genannt) mit Tastatur und ein Modell ohne Tastatur, das einfach nur "Kindle" heißt (manchmal mit "Kindle 4" bezeichnet). Über Amazon.com können deutsche Käufer auch noch den Kindle DX beziehen, der einen deutlich größeren Bildschirm besitzt, aber nicht im Fokus dieses Buches steht. Ich kann nicht versprechen, dass die folgenden Tipps und Beschreibungen auch für ältere Kindle-Generationen gelten – einen Versuch ist es aber immer wert.

Der Kindle, den Sie jetzt idealerweise vor sich haben, besteht aus zwei Bestandteilen. Der Bildschirm oben besitzt eine Auflösung von 600 x 800 Punkten. Er arbeitet mit E-Ink-Technik: In winzigen Kämmerchen befindet sich tatsächlich eine tintenähnliche, dunkle Flüssigkeit, in der weiße Kügelchen schwimmen. Je nachdem, welche Spannung anliegt, kommen die Kügelchen an die Oberfläche (der Bildpunkt wird weiß) oder sie bleiben unten und man sieht das dunkle Öl.

Der Vorteil des Verfahrens: Das Bild bleibt erhalten, ohne dass man dafür Energie aufwenden müsste – man spricht deshalb auch von einem bistabilen Display. Deshalb kann der Kindle über Wochen einen „Bildschirmschoner" zeigen, ohne dass der Akku zur Neige geht. Es macht insofern auch keinen Unterschied, ob man das Gerät lediglich schlafen schickt oder ganz ausschaltet. Strom wird erst verbraucht, wenn sich der Bildschirminhalt ändert – also beim Lesen. Deshalb gibt Amazon die Akkulaufzeit auch gern in soundsovielen Seitenwechseln an.

Was allerdings ebenfalls kräftig Energie verbraucht, ist der Onlinezugang, ob nun via UMTS (nur beim Kindle Keyboard) oder WLAN. Um im Urlaub Akkukapazität zu sparen, sollte man diesen deaktivieren, wenn er nicht gebraucht wird. Achtung: Das Funkmodul bleibt aktiv, wenn man Kindle in den Schlafmodus schickt, um zum Beispiel Zeitungsabos im Hintergrund zu empfangen. Das zehrt ein wenig am Akku. Schaltet man WLAN oder UMTS vorher aus, ist das nicht der Fall.

Neue Energie verschafft man dem Akku via USB – mit eigenem Ladegerät (auch das des iPhone oder iPad funktioniert hier!) oder via Computer. Wenn man in letzterem Fall während des Ladevorgangs weiterlesen will, reicht es unter Windows Vista und Windows 7 nicht, den Kindle über „Hardware sicher entfernen" zu deaktivieren – man muss stattdessen auf dem Arbeitsplatz auf „Computer" klicken und dort das Kontextmenü „Auswerfen" wählen.

Die E-Ink-Technik hat außerdem den kleinen Nachteil, dass sie deutlich langsamer arbeitet als andere Displaytypen, deshalb muss man beim Umblättern ein wenig warten. Aber muss man das beim Blättern in einem echten Buch nicht auch?

Kindle – alle Tasten

Der 99-Euro-Kindle besitzt zusätzlich zur Einschalttaste am Fußende und den vier Blätter-Tasten an der linken und rechten Seite des Geräts genau vier Tasten und ein Cursor-Kreuz. Von links nach rechts sind das:

ZURÜCK – Damit gelangen sie in Menüs oder nach Aktionen stets eine Ebene zurück. Wenn Sie ein Buch geöffnet haben, erreichen Sie etwa wieder den Startbildschirm, aus einem Einstellungs-Untermenü wieder die Einstellungen.

TASTATUR – Öffnet an (fast) jeder beliebigen Stelle die Bildschirm-Tastatur, über die Sie Text eingeben können, etwa eine Adresse im Webbrowser oder ein Stichwort in der

Suchfunktion. Drücken Sie die Taste erneut, verschwindet die Tastatur wieder.

Die Bildschirmtastatur besteht aus vier Bereichen: für Sonderzeichen, Kleinbuchstaben, Großbuchstaben und Umlaute. Zwischen den Bereichen können Sie flink mit den Blätter-Tasten am Geräterand umschalten. Ein Zeichen geben Sie ein, indem Sie mit dem Cursorkreuz dorthin navigieren und dann Enter drücken.

Wenn Sie nur einen Großbuchstaben eingeben wollen, brauchen Sie aber nicht den Bereich zu wechseln: Halten Sie die TASTATUR-Taste gedrückt, während Sie den Kleinbuchstaben aktivieren. Weitere clevere Tastenkürzel finden Sie in der Tabelle unten.

MENU – Holt ein Kontext-Menü auf den Bildschirm, das alle gerade möglichen Aktionen auflistet. Drücken Sie die Taste erneut, verschwindet das Menü wieder.

HOME – Bringt Sie stets wieder zurück zum Startbildschirm.

MENU-Taste drücken	Uhrzeit in der Titelleiste
TASTATUR + ZURÜCK-Taste	Bildschirm auffrischen
TASTATUR + MENU	Screenshot anfertigen

Kurzbefehle bei geöffneter virtueller Tastatur

TASTATUR + CURSOR RECHTS	7 Buchstaben nach rechts
TASTATUR + CURSOR LINKS	7 Buchstaben nach links
TASTATUR + SEITE ZURÜCK (rechts)	Wie Löschtaste
TASTATUR + SEITE VOR (rechts)	Wie Leertaste
TASTATUR + SEITE ZURÜCK (links)	Textcursor nach links
TASTATUR + SEITE ZURÜCK (rechts)	Textcursor nach rechts

Kindle Keyboard – alle Tasten

Direkt unter dem Bildschirm des Kindle Keyboard haben die Amazon-Designer die Tastatur untergebracht. Die Knöpfe sind nicht riesig, eine Tastatur ist aber beim Lesen erstaunlich viel wert, wie Sie in den späteren Kapiteln feststellen werden. Diese Tasten benötigen Sie relativ häufig (von links, in der unteren Reihe beginnend):

ALT – braucht man gewöhnlich, um eine Tastenkombination einzutippen. Es gibt jede Menge solcher nützlicher Abkürzungen.

Aa – die Text-Taste kann weit mehr, als nur die Textgröße zu ändern: Sie korrigiert auch Schrifttyp, Zeilenabstand und die Zahl der Wörter pro Zeile. Zudem kann man darüber die Vorlesefunktion aktivieren, in PDF-Dokumente zoomen und die Einstellungen der Bildschirm-Rotation ändern.

HOME – Bringt Sie stets wieder zum Startbildschirm zurück, der all Ihre Inhalte aufführt.

BACK – Hat eine ähnliche Funktion wie der Zurück-Knopf Ihres Browsers, führt sie also stets von der aktuellen zur vorherigen Seite zurück.

SYM – Brauchen Sie, und zwar häufig, um Ziffern, Satzzeichen und Symbole einzugeben. Leider besitzt die Tastatur keine eigene Ziffernreihe.

MENU – Ruft ein Kontextmenü auf, das die in einem bestimmten Bereich verfügbaren Optionen auflistet.

Die großen Tasten rechts und links neben dem Bildschirm dienen zum Blättern – aber hätten Sie das nicht schon herausbekommen, wären Sie nicht auf dieser Seite angelangt.

Ein paar Besonderheiten gibt es bei der Eingabe von Texten, etwa in der Suchfunktion. So ist es nicht nötig, wie auf dem PC die Umschalttaste festzuhalten, um einen Großbuchstaben einzutippen – die Hochstelltaste gilt (sobald ein Textfeld geöffnet ist) immer für den folgenden Key.

Ziffern fehlen zwar auf der Tastatur, man kann sich aber die oberste Buchstabenreihe Q...P als Zahlenreihe vorstellen. Nur muss man zuvor ALT drücken. ALT, gefolgt von Q, ergibt also eine 1, ALT + W eine 2 und so weiter. Für die Eingabe von Symbolen oder Satzzeichen ist die SYM-Taste zuständig. Sie öffnet eine navigierbare Übersicht der Sonderzeichen, aus der Sie mit dem Steuerkreuz das passende aussuchen müssen. Sie können währenddessen auch auf der Tastatur normal weitertippen.

Allgemeine Kurzbefehle

ALT + G	Bildschirm neu aufbauen
ALT + Q...P	Ziffern eingeben
MENU-Taste drücken	Uhrzeit in Titelleiste
ALT + Umschalt + .	Seriennummer/Barcode
ALT + Umschalt + G (oder H)	Screenshot anfertigen

Kindle Touch – alle Tasten

Der Kindle Touch ist zwar, wie sein Name schon verrät, auf die Bedienung über seinen Touchscreen ausgerichtet, doch auch er kommt nicht ganz ohne Tasten aus. Da wäre zunächst der Home-Button, auffällig direkt unter dem eInk-Schirm platziert. Er führt Sie stets auf die Startseite des Kindle zurück, in welchem Untermenü auch immer Sie sich verirrt haben. Außerdem findet sich an der Unterseite des Geräts der Powerschalter – er versetzt den Kindle in den Schlafmodus (kurz drücken) oder schaltet ihn ganz aus (länger drücken). Wenn Sie ihn sogar für 20 Sekunden drücken, startet der Kindle neu.

Alle anderen Tasten bildet der Touchscreen ab. Er ist in drei Bereiche eingeteilt. Der linke Rand dient zum Zurückblättern. Der obere Rand ruft die verschiedenen

Bildschirmmenüs auf. Eine recht große Fläche, die etwa zwei Drittel des Displays umfasst, dient zum Vorwärts-Blättern. Es genügt, einmal mit dem Finger auf die entsprechende Stelle zu tippen, um die damit verknüpfte Aktion auszuführen. Weil dadurch allerdings die Bedienung mit einer Hand erschwert würde, erkennt der Kindle Touch auch Wischgesten, egal wo sie stattfinden: Schieben Sie den Finger nach rechts, um rückwärts zu blättern, und nach links für die Vorwärts-Richtung. Schieben Sie den Finger nach oben, rutschen Sie ein Kapitel nach vorn, dieselbe Geste nach unten bringt Sie ein Kapitel zurück.

Die MENU- und BACK-Tasten der anderen Kindles besitzt der Kindle Touch nur in virtueller Form. Sie erscheinen, wenn Sie auf den oberen Bereich des Touch-Displays tippen. Wenn im Folgenden von "MENU" und "BACK" die Rede ist, sind auf dem Kindle Touch im allgemeinen diese beiden virtuellen Tasten gemeint. Die Funktion des Cursors übernehmen natürlich die Finger. Statt den Textcursor mit dem Steuerkreuz zu einer Textstelle zu führen, tippen Sie einfach darauf. Wo es wenig Tasten gibt, müssen (und dürfen) Sie sich nur wenige Kurzbefehle merken.

Allgemeine Kurzbefehle

Oben tippen	Menü
Links tippen / Wischgeste nach rechts	Seite zurück
Mitte / rechts tippen / Wischgeste nach links	Seite vor
Wischgeste nach oben	Kapitel vor
Wischgeste nach unten	Kapitel zurück
HOME gedrückt halten, auf Bildschirm tippen/wischen, HOME halten, loslassen	Screenshot

Die Bedienung

Der Startbildschirm

Dem Startbildschirm ist gar nicht so recht anzusehen, dass es sich genau darum handelt. Er zeigt einfach nur eine Liste der zuletzt auf das Gerät geladenen Bücher, zunächst nach Aktualität sortiert. Unter dem Buchtitel verrät eine gepünktelte Linie, wie umfangreich das Werk ist (Länge der Linie) und wo Sie beim Lesen angelangt sind (dicke Punkte).

Ganz unten finden Sie die Bücher, die Sie zwar gekauft, aber noch nicht auf Ihren Kindle übertragen haben, die „Archived Items" (K3) / das „Archiv" (K4). Wenn Sie diesen Punkt anklicken, erscheint die komplette Liste. Es genügt dann, eines der Bücher zu öffnen, und dieses wird via Whispernet auf Ihr Gerät geholt (oder über WLAN, falls Sie die Variante ohne 3G gekauft haben). Falls Ihre Buchliste sehr lang ist, nutzt Ihnen vielleicht diese Abkürzung: Drücken Sie

Matthias Kindle	3G .ıll ▭
Showing All 36 Items	**By Most Recent First**

pdf stz_29_08_08

eindickerkuss

Telepolis (News+Artikel)   Mon, May 16, 2011

calibre 0.8.1 t0uuqvWinnetou 1   Karl May

onlineivw0209

Golem.de   Mon, May 16, 2011

die MENU-Taste und wählen Sie aus dem Menü „View Archived Items" (K3) / „Archiv" (K4).

Den Homescreen können Sie umsortieren, indem Sie in die oberste Zeile navigieren und dann die Pfeiltaste nach rechts betätigen. Sie haben nun die Wahl zwischen „Most Recent First" (K3) / „Zuletzt verwendet" (K4) (nach Aktualität), „Title" (K3) / „Titel" (K4) und „Author" (K3) / „Autor" (K4). „Collections" (K3) / „Sammlungen" (K4) ist noch grau unterlegt, denn Sie haben ja noch keine Sammlung angelegt oder ihren Kindle noch nicht registriert.

Wenn Sie den Cursor über einem Buchtitel nach rechts bewegen, rufen Sie eine Detailseite zu dem Titel auf. Bewegen Sie den Cursor nach links, haben Sie die Möglichkeit, das Buch von Ihrem Kindle zu löschen.

Kurzbefehle im Home-Screen (nur K3)

ALT + Z	Aktualisieren der Dateiliste
ALT + Q...P + Entertaste	Direkt zu einer Seite der Dateiliste springen

Den Kindle aktivieren

Bevor Sie eine Sammlung anlegen können, müssen Sie den Kindle zumindest einmal mit Amazon synchronisiert haben. Wenn Sie die 3G-Version besitzen, ist das kein Problem. Haben Sie die WLAN-Variante gekauft, aber zuhause kein WLAN-Funknetz eingerichtet, dann haben Sie nun ein kleines Problem. Wie wäre es mit einem Besuch in der schottischen Burger-Bude? McDonald bietet in vielen Filialen kostenloses WLAN.

Dort wählen Sie sich zuerst mit dem Kindle ins WLAN ein (HOME -> MENU -> Settings -> WiFi-Settings -> View für K3 beziehungsweise HOME -> MENU ->

Einstellungen -> WiFi-Netzwerke -> Anzeigen für K4) und starten dann die einmalige Registrierung (MENU -> Settings -> Registration für K3 beziehungsweise MENU -> Einstellungen -> Anmeldung für K4).

Sammlungen anlegen

Der Kindle kennt das vom Computer gewohnte Prinzip von Ordnern und Unterordnern nicht. Vielmehr nutzt er die Idee der Sammlung, beim Tastatur-Kindle noch Collection genannt. Eine Sammlung ist genau das, was man sich darunter vorstellt: Sie verhält sich wie ein eigenes kleines Bücherregal, dessen Inhalt Sie selbst bestimmen. Drücken Sie dazu die Menu-Taste und wählen Sie „Create New Collection" (K3) / „Neue Sammlung" (K4). Geben Sie einen Namen für Ihr neues Regal ein und führen Sie den Cursor mit den Pfeiltasten auf „Save" (K3) / „Speichern" (K4). Anschließend erscheint die Sammlung in der Dateiliste.

Ein Tipp für den Namen Ihrer Sammlung: Wenn Sie möchten, dass die Collection auch in der Titel-Suchoption stets vor all Ihren Büchern erscheint, dann verwenden Sie am Anfang des Namens ein Sonderzeichen, etwa eine Klammer. Der Sortieralgorithmus verhält sich hier etwas erratisch, unter anderem, weil er versucht, unwichtige Wörter nicht zu berücksichtigen (etwa das englische „a" für „ein" in vielen Buchtiteln).

Um ihm Dokumente hinzuzufügen, öffnen Sie das virtuelle Regal. Ist es noch vollkommen leer, sehen Sie sofort den Eintrag „Click to add items to this collection" (K3) / „Zum Hinzufügen klicken" (K4), anderenfalls müssen Sie die MENU-Taste betätigen, um dann „Add/Remove Items" (K3) / „Hinzufügen/Entfernen" (K4) anzuklicken. Nun können Sie mit dem Cursor durch Ihre Buchliste fahren und mit der OK-Taste Häkchen setzen (Buch gehört zur Collection) beziehungsweise entfernen (Buch gehört nicht zur Collection). Dabei wird Ihre Wahl sofort gespeichert – es ist nicht nötig, zum Abschluss „Done" (K3) / „Fertig" (K4) zu betätigen, einmal die Back-Taste zu drücken genügt.

In der Dateiliste auf dem Homescreen tauchen die Bücher in den Collections nach wie vor auf – es sei denn, Sie wählen die Sortier-Option „By Collections" (K3) / „Nach Sammlung" (K4). Ein Buch kann auch in mehreren dieser virtuellen Regale liegen, es ist aber nicht möglich, Unter-Collections anzulegen. Wenn Sie mit dem Kindle online sind, werden Ihre Collections zusätzlich auf dem Amazon-Server gespeichert, so dass sie selbst bei einem harten Reset des Kindle nicht verloren gehen. Neuerdings können übrigens auch die iPhone- und Android-Apps mit den Collections umgehen.

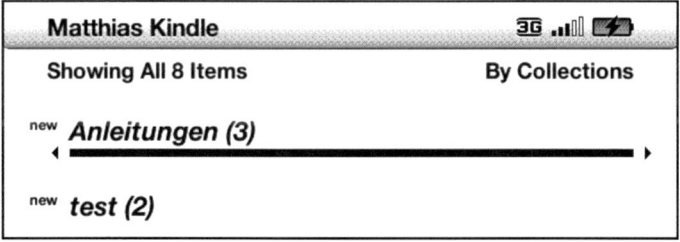

Die Suchfunktion

Sobald Sie irgendwo einen Buchstaben eintippen, öffnet sich die Suchfunktion, repräsentiert durch ein Textfeld am unteren Bildschirmrand. Als Vorgabe werden stets die eigenen Inhalte durchsucht: Vom Home-Screen aus alle Bücher, in einem bestimmten Buch dann sämtliche Seiten des Titels.

Sie können den Cursor aber auch über den Such-Knopf hinaus nach rechts bewegen und so zwischen „my items" (K3) / „Meine Inhalte" (K4), „store" (K3) / „Shop" (K4) (Amazons Kindle-Store), „google" (K3) / „Google" (K4) (Suchmaschine), „wikipedia" (K3) / „Wikipedia" (K4) (die amerikanische (K3) resp. deutsche (K4) Wikipedia-Ausgabe) und „dictionary" (K3) / „Wörterbuch" (K4) (Wörterbuch) wählen. Sie können dem Suchtext auch einen Shortcut hinzufügen (siehe Tabelle unten), der festlegt, wo Kindle suchen soll.

Welches Wörterbuch Ihr Kindle verwendet, können Sie selbst festlegen. Dazu müssen Sie beim Kindle 3 das Settings-Menü aufrufen, MENU drücken und hier „Change Primary Directory" anklicken. Beim K4 hingegen wählen Sie MENU -> Einstellungen -> Wörterbücher. Deutsche Kindle-Käufer bekommen von Amazon das aktuelle Duden-Wörterbuch geliefert. Das muss allerdings erst auf den Kindle übertragen werden – was nur über eine Wireless-Verbindung (WLAN) oder via PC funktioniert (falls der Erst-Download mal steckenbleibt, gibt Amazon den Tipp, einen Reset auszuführen). Erst dann kann man den Duden auch als Standard-Wörterbuch auswählen. Ein Wörterbuch Englisch-Deutsch biete ich übrigens ebenfalls an, Sie bekommen das Buch für 2,99 Euro im Kindle-Store (http://www.amazon.de/dp/B00557Z0VM).

Die Suchbox ist auch als einfacher Taschenrechner nutzbar (genaueres siehe Tipps & Tricks): Geben Sie die Aufgabe ein, und starten Sie die Suche. Wenn Sie gerade in einem Buch lesen, müssen Sie rechts neben dem „Find" (K3) / „Suchen" (K4)-Button die Option „my items" (K3) / „Meine Inhalte (K4) spezifizieren. Das Ergebnis erscheint dann ganz am Anfang der Ergebnisliste. Beim Kindle 3 kann man sich auch das Datum so ausgeben lassen – das Schlüsselwort dazu ist „date".

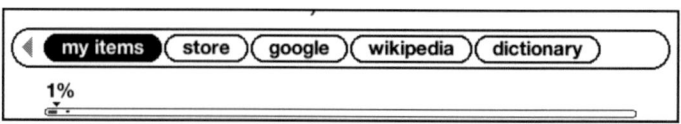

Kurzbefehle beim Suchen

ALT + DEL (nur K3)	Löscht den Inhalt des Suchfeldes
@help	Zeigt eine Liste der verfügbaren Shortcuts
@dict	Sucht im Standard-Wörterbuch
@print	Keine sinnvollen Ergebnisse
@store	Sucht im Kindle-Store
@url	Öffnet die danach angegebene URL im Browser
@web	Google-Suche
@wiki, @wikipedia	Sucht in der Wikipedia
date (nur K3)	Zeigt das aktuelle Datum an

Ein Buch lesen

Der Kindle wäre kein guter eBook-Reader, wenn man das Lesen eines Buches erst lang und breit erklären müsste. Es gibt aber einige Optionen, mit denen man sich die Lektüre komfortabler gestalten kann. Geblättert wird, das haben Sie schon gemerkt, mit den großen Tasten links und rechts des Bildschirms. Wie weit Sie in einem Buch fortgeschritten sind, sehen Sie in einer Prozentleiste am unteren Bildschirmrand.

Wenn Sie etwas schneller blättern wollen, können Sie auch die rechte und linke Cursortaste verwenden – damit springen Sie dann von Kapitel zu Kapitel.

Amazon-eBooks haben (meist) keine echten Seitennummern, stattdessen spricht Amazon von „Locations". Zu einer anderen Location springen Sie, indem Sie die MENU-Taste betätigen und „Go to..." (K3) / „Gehe zu..."

(K4) anklicken. Erst beim Drücken von MENU verrät der Kindle, wo genau Sie sich gerade befinden. Auf dieser Grundlage können Sie dann abschätzen, wo Sie mit einer bestimmten Location-Zahl ungefähr landen. Alternativ bietet das GoTo-Feld auch die Befehle „table of contents" (K4: Inhaltsverzeichnis), „beginning" (K4: Anfang), „cover" (K4: Titelseite) und „end" (K4: Ende).

Die Option „page" (K3) / „Seite" (K4) steht nur zur Verfügung, wenn Amazon dem Buchtitel bereits echte Seitennummern hinzugefügt hat – damit hat man erst im Februar 2011 mit dem Kindle-Update 3.1 begonnen. Diese Seitennummern sollen dann zu den Zahlen in der gedruckten Version identisch sein. Es kann deshalb bei schon damit ausgestatteten Büchern auch passieren, dass Sie auf ein- und derselben Seite mehrmals umblättern müssen.

Stoßen Sie beim Lesen auf ein Bild, dann können Sie dieses auch vergrößert betrachten. Dazu müssen Sie den Cursor auf das Bild führen, er wird dann zur Lupe. Nun müssen Sie nur noch darauf klicken.

Wer allmählich Schwierigkeiten mit der Sehkraft bekommt, findet die flexiblen Fontgrößen sicher besonders praktisch. Dafür ist beim Tastatur-Kindle die Taste mit dem Aufdruck „Aa" zuständig, nennen wir sie also lieber Text-

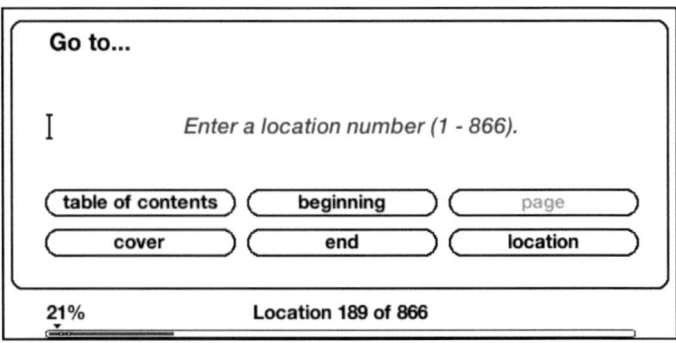

Taste, wie es Amazons englisches Handbuch vorzieht. Beim Kindle 4 hat das Menü den zusätzlichen Eintrag „Schriftgröße" bekommen. In der größten Schriftart passen nur noch wenige Wörter aufs Display. Der Schrifttyp „regular" (K3) / „normal" (K4) ist am besten lesbar, mit „condensed" (K3) / „schmal" (K4) oder „sans serif" passt mehr Text in eine Zeile. Verändern können Sie auch den Zeilenabstand und die Anzahl der Wörter pro Zeile sowie schließlich auch die Bildschirmausrichtung.

Das gilt jedenfalls bei eBooks – bei PDF-Dateien können Sie die Textgröße nicht ändern, dafür jedoch das Zoomverhältnis und den Kontrast.

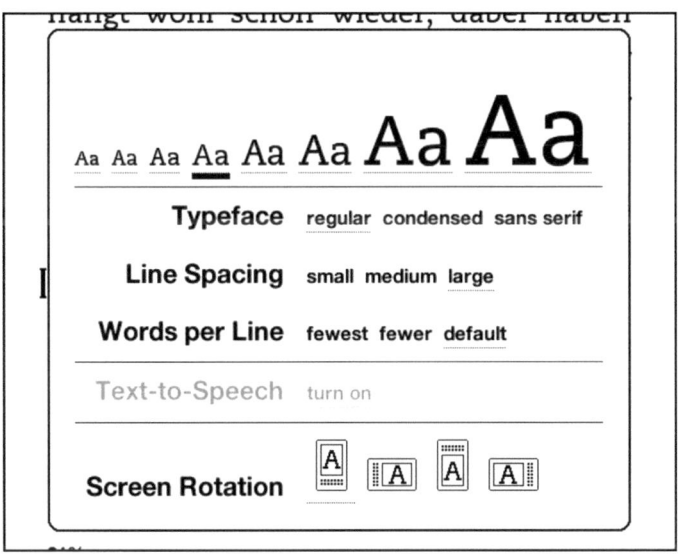

Da sich der Kindle Ihre aktuelle Position in einem Buch automatisch merkt, ist die Verwendung eines Lesezeichens nicht ganz so dringend wie bei einem Papier-Buch. Mit dieser Funktion lässt sich aber gut zwischen den Lieblingsstellen manövrieren – und sie ist auch sinnvoll, wenn mehrere Nutzer dasselbe Buch parallel lesen.

Ein Lesezeichen hinzuzufügen, ist ganz einfach: MENU-Taste drücken und „Add a Bookmark" (K3) / „Lesezeichen hinzufügen" (K4) wählen. Um später zu einem bestimmten Lesezeichen zu springen, rufen Sie erneut „MENU" auf und wählen dann „View Notes & Marks" (K3) / „Anmerkungen anzeigen" (K4). Mit Cursorhilfe können Sie dann zu dem gewünschten Abschnitt navigieren. Kindle hilft Ihnen dabei, indem er etwa fünf Zeilen Text aus der „Umgebung" aufführt.

Kurzbefehle beim Lesen (nur K3)

ALT + B	Lesezeichen hinzufügen

Ein Buch vorlesen lassen (K3+KT)

Als deutscher Kindle-Käufer werden Sie vermutlich enttäuscht sein: Ihr E-Reader kann, jedenfalls verständlich, nur englischsprachige Texte vorlesen. Wenn Sie sowieso lieber in englischer Sprache lesen, ist das ja okay – manch potenzieller Kindle-Käufer hatte allerdings erwartet, dass nach dem Deutschland-Start diese Funktion auch in Deutsch verfügbar sein würde.

Doch Text-to-Speech (TTS), wie die Funktion heißt, ist auch hierzulande wirklich nützlich. Sie können damit Kindle nämlich zum automatischen Umblättern der Seiten bewegen (sehr praktisch, wenn man gerade keine Hand frei hat...). Außerdem bleiben Ihnen ja immer noch die Audiobooks von Audible. Doch wie funktioniert TTS?

Aktivieren können Sie diese Funktion, wenn Sie in irgendeinem Dokument die Text-Taste (Aa) drücken. Dort müssen Sie neben dem Begriff auf „turn on" schalten. Pech haben Sie allerdings, wenn der Rechteinhaber diese Funktion ganz deaktiviert hat. Mit der Leertaste können Sie das Vorlesen stets pausieren. Die Tasten SHIFT+SYM, BACK oder HOME schalten es ganz aus. Die sonstige Tastatur ist während des Vorlesens gesperrt. Bis auf die Text-Taste: Damit können Sie zwischen verschiedenen Sprechern wählen (männlich / weiblich) und vor allem die Lese- und damit die Blättergeschwindigkeit regulieren. Wenn Sie dann noch die Lautstärke mit der Hardware-Taste am unteren Rand des Geräts auf Null schrauben, ist der automatische Seitenwender bereit.

Eng mit Text to Speech verknüpft ist der Voice Guide – wenn diese Funktion über HOME -> MENU -> Settings (dort auf der zweiten Seite) aktiviert ist, liest Ihnen der Kindle die aktuell ausgewählten Menüs und Menüeinträge vor. Zusammen mit der Vorlesefunktion für Texte wäre Kindle damit eigentlich das perfekte Buch für Menschen mit Sehschwäche – wenn das Vorlesen nur immer und auch in Deutsch funktionieren würde.

Ausschnitte und Anmerkungen

Wenn Ihnen beim Lesen ein besonders hübsches Zitat auffällt, können Sie es sich ganz simpel merken: Sie fahren mit dem Cursor zum Beginn der Textstelle, drücken die OK-Taste und bewegen dann den Cursor weiter bis zum Ende des interessierenden Abschnitts. Wenn Sie nun erneut OK drücken, wird der Ausschnitt gespeichert. Über „My Clippings" im Home-Menü ist er jederzeit wieder zugänglich. Im Text selbst ist durch eine Unterstreichung des Absatzes erkennbar, dass sie hier einen Ausschnitt markiert haben.

Sie können dem Text aber auch eigene Anmerkungen hinzufügen. Setzen Sie dazu den Cursor an die Stelle, an der Ihre Notiz passt, und tippen Sie einfach drauflos. Auch die Notiz wird in Ihren „Clippings" gespeichert. Dass eine Anmerkung vorhanden ist, sieht man im Ursprungstext durch eine kleine, hochgestellte Ziffer.

Wie lange Ihre Anmerkungen erhalten bleiben, hängt von der Art des Inhalts ab. Bei gekauften Büchern speichert Amazon die Anmerkungen unbegrenzt. Wenn Sie Zeitungen, die älter als sieben Tage sind, Blogs oder persönliche Dokumente von Ihrem Kindle entfernen, werden die Anmerkungen nicht gespeichert. Es bleiben allerdings die von Ihnen angefertigten Ausschnitte erhalten – nämlich in der Datei „My Clippings". Ein Tipp: Sie können diese Ausschnitte auch jederzeit auf den PC exportieren. Mit Hilfe der Website http://www.clippingsconverter.com lassen sich daraus auch Word-, Excel- oder PDF-Dokumente erzeugen.

Leider können deutsche Kindle-3-Käufer ihre Anmerkungen und Ausschnitte noch nicht via Twitter oder Facebook teilen, Kindle bietet diese Option zwar an, liefert dann aber doch nur eine Fehlermeldung. Dasselbe gilt für die Bewertung, um die Sie auf der letzten Seite eines Kindle-Buchs gebeten wird: Sie wird weder an die Community weitergegeben noch hat sie auf die Bewertung des Buches bei Amazon Einfluss. Die Prozedur funktioniert allerdings in den Kindle-Apps sehr wohl schon, jedenfalls in denen für iPhone und Android. Auch auf dem Kindle 4 klappt's nach meinen Tests mit Twitter und Facebook prima.

Das Einfügen von Anmerkungen und Notizen dauert auf Ihrem Kindle zu lange? Dann sollten Sie die Größe Ihrer MyClippings.txt-Datei überprüfen. Je größer die Datei, desto länger dauert es, sie zu öffnen, etwas darin zu speichern und

Na·tur·phi·lo·so·phie, die:
    Richtung innerhalb der [klassischen] Philosophie, die sich erkenntnistheoretisch auf die objektive [Gesetzmäßigkeit der † Natur (1) stützt.

57%

sie wieder zu schließen. Einen Ausweg gibt es derzeit nicht, es hilft nur, sich (nach dem Sichern der Datei via USB auf den PC) von den Anmerkungen zu trennen (also die Datei zu löschen, Kindle legt sie neu an).

Längere Anmerkungen beim KT: Durch die Finger-Bedienung ist es beim Kindle Touch komplizierter geworden, längere Passagen zu markieren. Man kann nämlich in einer Markierung nicht weiterblättern. So bekommen Sie eine Markierung in der Maximallänge: Sehen Sie nach, bei welcher Location Sie gerade sind. Addieren Sie 2 und springen Sie mit dem Go-Befehl zum Ergebnis.

Bücher entfernen

Wenn der Platz auf Ihrem Kindle langsam knapp wird, können Sie bereits gelesene Bücher problemlos entfernen. Wenn es sich um selbst auf den Kindle kopierte Dokumente handelt, werden diese dadurch gelöscht. Handelt es sich jedoch um bei Amazon gekaufte Bücher, bleiben sie auf dem Amazon-Server erhalten und können jederzeit kostenlos neu gedownloadet werden.

Um ein Dokument zu löschen, bewegen Sie einfach den Cursor darauf und drücken die rechte Pfeiltaste. Dadurch öffnet sich die Detail-Seite des Buches. Der letzte

Menüeintrag „Remove from Device" (K3) / „Vom Gerät löschen" (K4) entfernt das Dokument. Steht dort stattdessen „Delete this Document" (K3) / „Dieses Dokument löschen", dann wissen Sie, dass Amazon kein Backup für Sie angefertigt hat – was Sie so löschen, ist für immer verschwunden.

Wenn das bei einem gekauften Buch ganz in Ihrem Sinn ist, sie ein gekauftes Werk also rückstandslos entfernen wollen, müssen Sie das auf der Seite Ihres Kindle bei Amazon erledigen, die Sie über http://www.amazon.de/myk erreichen. Unter der Überschrift „Ihre Kindle-Bibliothek" finden Sie eine Liste aller von Ihnen erworbenen Bücher. Klicken Sie auf das Feld „Aktionen" am Ende des Eintrags, und Sie sehen den Menüpunkt „Aus der Bibliothek entfernen", dessen Betätigung ihren Wunsch umsetzt.

Bücher zurückgeben

Wussten Sie schon, dass Sie elektronische Bücher auch problemlos zurückgeben können? Dazu haben Sie allerdings nicht viel Zeit, lediglich 15 Minuten nach der Bestellung ist das per Mausklick möglich. Amazon will Ihnen damit die Chance geben, Fehlklicks rückgängig zu machen. Direkt in der Online-Bestellbestätigung finden Sie einen Link dazu.

Bis zu sieben Tage Zeit ab Beendigung Ihrer Shoppingtour haben Sie, wenn Sie beim Kundenservice anrufen. Amazon verhält sich nach den bisherigen Erfahrungen hier durchaus kulant. Sollte das Buch schon auf Ihren Kindle geladen sein, wird es automatisch wieder von dort gelöscht.

Bücher aktualisieren

Ein Vorteil des Kindle besteht darin, dass Autoren ihre Bücher im Prinzip jederzeit aktualisieren können. Allerdings merken Sie als Käufer davon nur etwas, wenn Sie zufällig bei Amazon vorbeischauen und das in der Buchbeschreibung vermerkt ist. Schöner wäre es, erschiene das aktualisierte Buch automatisch auf Ihrem Kindle.

Derzeit kommen Sie um einen Anruf beim Amazon-Kundendienst nicht herum. Schildern Sie, welches Buch Sie in der aktuellsten Version haben wollen, der Service erledigt zuverlässig den Rest.

Buchautoren haben die Möglichkeit, den Service zu bitten, alle Leser über die bereitstehende Aktualisierung zu informieren. Die Käufer erhalten dann eine E-Mail von Amazon,, die sie mit "Ja" beantworten müssen. Ein unangenehmer Nebeneffekt der Aktualisierung ist nämlich, dass danach Anmerkungen und Lesefortschritt zurückgesetzt werden.

Bücher verleihen

Das Verleihen von Büchern ist in Deutschland leider noch Zukunftsmusik. In den USA funktioniert das bei Büchern, die zum Verleihen freigegeben sind. Das Buch wird für genau 14 Tage auf dem Kindle des Ausleihenden aktiviert, in dieser Zeit kann es der Verleiher selbst nicht lesen. Das klingt recht restriktiv – andererseits verhält es sich bei echten Büchern ja ganz genauso.

Was allerdings auch hierzulande funktioniert: Mehrere Kindles auf denselben Amazon-Account anzumelden. Dann kann jeder der Beteiligten alle über diesen Account gekauften Bücher lesen. Eine Nebenwirkung ist, dass jeder Beteiligte auch wirklich alle über diesen Account gekauften Bücher lesen kann. Was paradox klingt, ist vielleicht in einer Familie ein Problem, wo die Kinder die schaurigen Thriller der Eltern eigentlich nicht lesen sollten. In so einem Fall hilft nur, die Online-Verbindung des Kinder-Kindle zu deaktivieren, indem man die Verbindungsdaten löscht.

Bücher leihen

Es gibt zwar viele Stadtbibliotheken, die schon eBooks ausleihen, doch diese (da im ePub-Format) funktionieren auf dem Kindle nicht. Auch die in den USA gerade gestarte "Kindle Owners Lending Library" gibt es in Deutschland noch nicht. Es gibt aber eine interessante Alternative: die MexxPremium-Bibliothek des Mexx-Buchclub. Sie ist ein Angebot des MexxBooks-Buchclubs (http://www.mexxbooks.com) für seine Mitglieder. Es ist insofern eine Variante der oft verlangten eBook-Flatrate, als MexxBooks es ermöglicht, gegen die Entrichtung eines pauschalen Jahresbeitrages Bücher aus seiner Bibliothek herunterladen und lesen zu können. Die Bücher und Inhalte der Bibliothek sind in der Amazon-Wolke (Cloud Storage) abgespeichert und bestehen entweder aus Büchern, die direkt aus dem Amazon Kindle Shop gekauft wurden oder aus Büchern, deren Verwertungsrechte MexxBooks direkt von Autoren und Verlagen erworben hat.

Hinsichtlich der Nutzung von Büchern aus der Bibliothek gibt es derzeit im Vergleich zur Buch- oder eBook-Leihe keine Begrenzung der Anzahl der Bücher, die man herunterlädt oder der Dauer, für welche man das eBook auf seinem Kindle eBook-Reader oder seiner Kindle-App lesen darf. Das Mitglied als temporärer Mitinhaber der Bücher ist hier nur dem Prinzip der fairen Benutzung unterworfen. Dieses sieht beispielsweise vor, dass nur so viele Bücher auf einmal heruntergeladen werden, wie man vernünftigerweise auch lesen kann. Dies ist insofern von Bedeutung, als die Lizenzbedingungen vieler eBooks vorsehen, dass maximal sechs Leser das eBook gleichzeitig lesen dürfen.

Das Konzept der Bibliothek von MexxBooks basiert, wie bereits kurz erwähnt, nicht auf dem Konzept der eBook-Leihe, welche mit Amazon derzeit weder technisch noch rechtlich umsetzbar wäre. Vielmehr ist die MexxBooks-Bibliothek auf dem Prinzip der Teilhaberschaft aufgebaut. Jedes Mitglied wird mit der Entrichtung des Jahresbeitrages zum temporären Teilhaber oder Mitinhaber des Amazon-Accounts der Bibliothek. Als Mitinhaber werden ihm konsequenterweise auch die entsprechenden Mitsprache- und Mitwirkungsrechte eingeräumt. Das umfasst in erster Linie die Entscheidung über die Anschaffung neuer Bücher. Diese Entscheidung überlässt MexxBooks komplett den Mitgliedern.

Damit diese Form der „basisdemokratischen" Mitbestimmung auch funktioniert, hat MexxBooks einige der Mitglieder zu ehrenamtlich tätigen Kuratoren ernannt. Jeder Kurator ist dabei für eine Buchkategorie verantwortlich und dafür, dass die gewünschten Bücher auch angeschafft werden. Der Beschaffungsprozess funktioniert dreistufig:

Abstimmungslisten: Die Kuratoren erstellen auf Grund der Diskussion im Forum oder Chat von MexxBooks Vorschläge für die Anschaffung von Büchern. Diese Vorschläge werden in sogenannten Abstimmungslisten zusammengefasst und auf der Seite von MexxBooks zur Abstimmung durch die Mitglieder gestellt. Jede Woche wird eine neue Abstimmung durchgeführt.

Abstimmung: Die Mitglieder können über die Bücher aus der Abstimmungsliste jeweils von Montag bis Freitag nachmittags um 15.00 Uhr abstimmen. Am Freitagabend werden dann von MexxBooks in jeder Kategorie die Bücher mit den meisten Stimmen angeschafft.

Express-Beschaffung: Die Mitglieder haben darüber hinaus auch die Möglichkeit, sich außerhalb der Abstimmung Bücher zum sofortigen Lesen zu wünschen, wenn sie bereit sind, 30 Prozent des Kaufpreises zu tragen. In diesem Fall senden die Mitglieder einen Amazon-Gutschein per E-Mail an MexxBooks und geben dabei den gewünschten Titel, Autor bzw. ASIN sowie die Kindle-E-Mail-Adresse an. Das Buch wird dann von MexxBooks binnen 2 Stunden angeschafft und auf den Kindle des Bestellers gesandt. Dieser Service steht den MexxPremium-Mitgliedern 7 Tage die Woche in der Zeit von 8.00 bis 20.00 Uhr zur Verfügung.

Bücher verschenken

Um über Amazon.de Bücher zu verschenken, muss man einen Geschenkgutschein ordern. Den kann der Beschenkte allerdings für ein beliebiges Buch einsetzen (oder für etwas ganz anderes). Achtung, der Gutschein muss vor dem Kauf eingelöst werden.

Im US-Kindle-Store hingegen funktioniert das Verschenken einzelner Bücher bereits. Dazu muss man sein Konto lediglich zeitweise auf Amazon.com ummelden. Der mit dem Buch Bedachte erhält eine Nachricht und kann das E-Book dann kostenlos auf seinen Kindle (oder eine Kindle-App) laden. Natürlich ist man auf das Angebot des US-Store beschränkt. Auch die Bezahlung per Bank-Abbuchung kennt Amazon.com nicht.

Ein Kennwort vergeben

Falls Sie Ihren Kindle irgendwo vergessen, könnte im Prinzip jeder Finder auf Ihre Kosten bei Amazon eBooks kaufen. Deshalb kann es sinnvoll sein, ein Kennwort einzurichten. Das erledigen Sie über MENU -> Settings / Einstellungen, auf der zweiten Seite finden Sie das „Device Password" (K3) / „Geräte-Passwort" (K4). Wenn Sie „turn on" (K3) / „Einschalten" (K4) anklicken, fragt Ihr Kindle Sie doppelt nach dem gewünschten Kennwort. Außerdem dürfen Sie einen Hinweis-Satz eingeben, der Ihnen beim Erinnern hilft. Wann immer der Kindle nun seinen Screensaver aktiviert, müssen Sie zum Wieder-Einschalten ihr Kennwort eintippen.

Das Passwort ist Ihnen entfallen? OK bringt an dieser Stelle den Erinnerungssatz auf den Bildschirm. Der hilft Ihnen auch nicht weiter? Dann bleibt nur noch ein Anruf beim Kundenservice.

Bücher auf den Kindle übertragen

Der Kindle verfügt über eine "Festplatte" mit 4 Gigabyte Speicherplatz. 3,2 davon stehen Ihnen für Ihre eBooks, Musik, Hörbücher und Bilder zur freien Verfügung. Beim Kindle 4 ist etwa halb so viel Platz. Sobald Sie im integrierten Kindle-Shop ein eBook kaufen, wird die Datei sofort auf das Gerät heruntergeladen. Es gibt aber auch noch die auf den nächsten Seiten folgenden Möglichkeiten, Dateien auf den Kindle zu übertragen.

Übertragung via USB-Kabel

Um Dateien auf Ihren Kindle zu überspielen, schließen Sie das Gerät mit dem mitgelieferten USB-Kabel an Ihren Computer an. Der Kindle wird dort als Laufwerk „Kindle" angezeigt. Der Kindle ist erst dann richtig angeschlossen, wenn auf dem Bildschirm des eBook-Readers die Meldung „USB Drive Mode" erscheint. In diesem Fall behandelt der Computer das Gerät wie ein USB-Laufwerk. Falls diese Meldung nicht erscheint, schließen sie den Kindle erneut an.

Wie bei jedem anderen Laufwerk Ihres Computers können Sie jetzt Dateien von einem Ordner in einen anderen kopieren: eBooks und andere Textdokumente kommen in den Ordner „documents" (Dokumente). Dieser Ordner darf auch Unterordner haben, deren Inhalt der Kindle ebenfalls anzeigt. Allerdings sind die Unterordner selbst auf dem Home-Screen nicht zu sehen. Musikdateien kopieren Sie in den Ordner „music" (Musik) (nicht beim K4). Hörbücher oder Podcasts kommen in den Ordner „audible" (wörtlich: „hörbares", ist für Hörbücher von audible.com oder audible.de vorgesehen) (nicht beim K4).

Verlassen Sie den USB-Laufwerksmodus, indem Sie die Funktion „Hardware sicher entfernen" Ihres Betriebssystems verwenden oder mit der rechten Maustaste auf das Laufwerk „Kindle" klicken. Dann wählen Sie die Option „Auswerfen". Das Gerät wird nun nicht mehr als Laufwerk erkannt, aber über den USB-Anschluss trotzdem weiterhin aufgeladen.

Übertragung per E-Mail

Ihr Kindle hat bei der Anmeldung unter „Mein Kindle" auf Amazon.de eine eigene unverwechselbare E-Mail-Adresse bekommen (meinname@kindle.com oder ähnlich). Diese können Sie dort einsehen und bearbeiten. Nutzen Sie die E-Mail-Adresse, um Ihre Dokumente von einem PC oder anderen Endgeräten auf den Kindle zu schicken. Das funktioniert mit dem ungeschützten MS Word-Format .doc, .docx, den Textformaten .html, .htm, .txt, .rtf, den Bildformaten .jpeg, .jpg, .gif, .png, .bmp, den eBook-Formaten .azw, .prc und .mobi und ungeschützten PDF-Dateien.

Diese Dateien schicken Sie als Anhang an Ihre Kindle-E-Mail-Adresse. Diese Mail wird auch an weitere von Ihnen angelegte E-Mail-Adressen weitergeleitet. Wenn Sie mehrere Dokumente gleichzeitig verschicken wollen, packen Sie sie in eine .zip-Datei (komprimierter Ordner). Dadurch wird das Übertragungsvolumen kleiner und die .zip-Datei wird automatisch entpackt. Die Dokumente erreichen den Kindle einzeln.

Wie schnell die Datei ankommt, hängt natürlich von der Größe der Datei ab. PDF-Dateien dauern etwas länger als andere Textdateien vergleichbarer Größe. Bei PDF-Dateien sollten Sie in der Betreffzeile das Wort Convert einfügen – dann werden diese so umgewandelt, dass sie auf dem Kindle besser lesbar sind.

Grundsätzlich gilt, dass ein einzelnes Dokument nicht größer als 50 MB sein sollte und maximal 25 Dateien an ein Dokument als Anlage angehängt werden können.

Alternativ können Sie die Datei auch an eine weitere Kindle-E-Mail-Adresse schicken. Diese lautet „name@free.kindle.com". Die Datei wird dann konvertiert und via Wi-Fi auf den eReader übertragen. Dieser Vorgang kostet keine Amazon-Servicegebühren. Je nachdem, welche Systemversion Ihr Kindle hat, erhalten Sie zusätzlich auch eine E-Mail mit einem Download-Link, von dem Sie die Datei(en) herunterladen können.

Übertragung von „Mein Kindle"

„Mein Kindle" ist der zentrale Verwaltungsbereich für Ihr(e) Kindle-Gerät(e). Neben wichtigen Grundeinstellungen finden sich hier auch alle Bestellungen aus dem Kindle-Shop wieder. Um ein Dokument auf einen eBook-Reader oder ein Gerät mit einer Kindle-App zu übertragen, wählen Sie den entsprechenden Titel aus. Per Klick auf das „+" vor einem Titel werden mehr Details des Dokuments eingeblendet. Zur Dateiübertragung können Sie zwischen zwei Varianten wählen:

„Auf Computer herunterladen": Hilft Ihnen, wenn der Kindle mal keine Drahtlosverbindung hat. Sie laden das Dokument per USB-Kabel auf Ihren Computer.

„Drahtlos senden an": Wählen Sie ein Gerät aus, zu dem Sie das Dokument drahtlos übertragen wollen. Voraussetzung ist, dass auch bei Ihrem Kindle oder anderen mobilen Endgerät die drahtlose Verbindung eingeschaltet ist. Nach erfolgreicher Übertragung erscheint die Datei im „Home"-Bereich des Kindle. Dasselbe gilt übrigens auch für die Übertragung auf Geräte mit einer Kindle-Leseapp.

Übertragung mit „Speichern unter"

„Speichern unter" ist eine schnelle Möglichkeit, Dateien direkt aus einem Programm auf den Kindle zu übertragen (bei manchen Programmen heißt die Funktion vielleicht „Exportieren"). Das gilt für alle Programme, mit denen Sie ein Dokument als .pdf oder .txt abspeichern können. Ebenso funktioniert es mit den Amazon-eigenen eBook-Formaten .azw und .azw1 (Kindle-Formate) und den ungeschützten Mobipocket-Dateien .mobi und .prc. Diese werden aber nur von speziellen eBook-Editoren wie Calibre erstellt.

Ihr Textverarbeitungsprogramm (MS Word, OpenOffice-Write etc.) kann bestimmt .txt abspeichern und evtl. sogar direkt PDF-Dateien erzeugen: Schließen Sie den Kindle per USB-Kabel an den Computer an. Wählen Sie in dem Programm unter „Datei " die Option „Speichern unter". Bei der Auswahl für den Speicherort wählen Sie unter dem Laufwerk „Kindle" den Ordner „documents". Nur noch „speichern", und schon ist das Dokument auf dem Kindle verfügbar.

Übertragung mit „In PDF drucken"

Mit der „Druckfunktion" sind Sie sogar noch flexibler, wenn Sie Dateien aus Anwendungen direkt übertragen wollen. Dazu benutzen Sie einen sogenannten PDF-Druckertreiber. Einmal installiert, können Sie aus jedem beliebigen Programm, das eine Druckfunktion anbietet, ein PDF-Dokument generieren. Das sind vielleicht sogar Ihre Bildbearbeitungssoftware (Bilder) oder Ihr Steuerprogramm (Formulare).

Eventuell haben Sie sogar schon einen PDF-Druckertreiber auf dem Computer installiert. Das sehen Sie daran, dass in der „Druckerauswahl" auch eine Option „PDF-Drucker" oder so ähnlich vorhanden ist. Falls nicht, laden Sie sich einfach kostenlos ein Plugin herunter. Das Angebot ist groß. Ich bin mit dem „PDFCreator" recht zufrieden.

Schließen Sie den Kindle per USB-Kabel an den Computer an. Wählen Sie in dem Programm unter „Datei" die Option „Drucken". In der Druckerauswahl bestimmen Sie den PDF-Drucker als Ausgabemedium. Bei der Auswahl für den Speicherort wählen Sie unter dem Laufwerk „Kindle" den Ordner „documents". Dann „drucken" und die PDF-Datei wird generiert und auf den Kindle gespeichert.

Übertragung mit „PrintToKindle"

Das Programm PrintToKindle funktioniert nach demselben Prinzip wie die eben beschriebenen PDF-Drucker. Man spart sich nur den Zwischenschritt, den Speicherort angeben zu müssen, weil sich der Druckertreiber den „documents"-Ordner auf dem Kindle selbst sucht.

Wenn man es mal so richtig eilig hat, kann das von Vorteil sein. Man muss nicht erst den Explorer öffnen und Dateien hin- und her kopieren, die man vorher im richtigen Format abgespeichert hat. Der Spaß kostet nur 2 Dollar und kann auch vor dem Kauf getestet werden. Die Webadresse ist www.printtokindle.com.

Leider gibt es auch einen Haken: In der Version 1.0.0 bleibt immer nur ein einziges „PrintToKindle"-Dokument auf dem Kindle gespeichert. Jedes neue Dokument löscht sozusagen das Vorige. Laut dem Hersteller dient das dazu, dass man nicht zu viele Dokumente hat und die „Übersicht" verliert. Aber man hat versprochen, dass die nächste Version Abhilfe schaffen soll. Einmal gekauft, können Sie jederzeit eine aktualisierte Version herunterladen. In der Zwischenzeit ist die Lösung: Kindle an Computer anschließen und Dokument umbenennen. Dann bleibt es erhalten.

Die Installation dauerte kaum eine Minute. Bei mir hat alles auf Anhieb funktioniert. Nach der Installation den

Kindle per USB-Kabel an den Computer anschließen. „PrintToKindle" wird als Drucker in der Druckerauswahl angezeigt. Wie sonst auch das „Drucken"-Menü Ihres Programms öffnen. Dann anstatt des eingestellten Druckers aus der Druckerliste „PrintToKindle" auswählen. „Drucken" anklicken und fertig. Nach dem Drucken wird der Kindle sofort vom Computer abgemeldet, d.h. nicht mehr als Laufwerk erkannt. Sie können ihn einpacken und losrennen. Im „Home"-Bereich erscheint das Dokument mit dem Namen „PrintToKindle" und dem kleinen Hinweis „pdf" davor.

Kindle – die Inhalte

Kostenlose Bücher

Wenn Sie den Kindle Store zum ersten Mal über MENU -> „Shop in Kindle Store" (K3) / „Kindle-Shop" (K4) öffnen, scheint die Auswahl gar nicht so überwältigend. Nicht jeder Verlag ist mit der Alternative zum Buch aus toten Bäumen glücklich. Doch es gibt ja Jahrtausende menschlicher Kreativität, die auch in Buchform verfügbar ist. Das Gutenberg-Projekt und auch Google befassen sich seit Jahren damit, Bücher für die Allgemeinheit zugänglich zu machen, deren Urheberrechte erloschen sind.

Im Kindle Store finden Sie diese zum Beispiel, wenn Sie erst zu den Bestsellern navigieren und dann rechts oben den Eintrag „Kindle Top 100 Free" ansteuern. Ich verspreche Ihnen, Sie werden viele Lieblingsbücher Ihrer Kindheit wiederfinden, von Jules Verne bis Karl May, und dazu echte Perlen der Weltliteratur. Und zwar in deutscher Sprache, zur sofortigen Lieferung.

Das genügt Ihnen nicht? Hier ist eine Liste mit weiteren Buch-Archiven. Was Sie dort finden, müssen Sie allerdings erst auf den PC downloaden und dann via USB auf Ihren Kindle übertragen.

Gutenberg-Projekt
http://www.gutenberg.org/

Über 33.000 kostenlose eBooks in fast allen Sprachen der Welt, die Sie direkt in einem für den Kindle geeigneten Format herunterladen können. In den „Categories" finden Sie übrigens auch ein deutschsprachiges Bücherregal. Auf die deutschen Seiten des Gutenberg-Projekts brauchen Sie sich übrigens nicht zu verirren: Hier kann man die Werke nur online lesen oder auf CD kaufen.

Google eBookstore
http://books.google.com/ebooks

Die Ergebnisse von Googles Scan-Aktion – vor allem im PDF-Format. Achten Sie hier darauf, nicht die Variante für E-Reader auszuwählen, sondern die PDF-Version. Google will hier auch Bücher zum Kauf anbieten, die nicht mit dem Kindle kompatibel sind.

Internet Archive
http://www.archive.org/details/texts

2,8 Millionen Texte in allen Sprachen der Welt, die hier kostenlos zur Verfügung stehen, auch in Kindle-geeigneten Formaten. Über die „Advanced Search" können Sie auch Bücher in Deutsch herausfiltern – geben Sie dazu im „Custom Field" den Parameter „language" an und im Wertefeld daneben „german".

Open Library
http://openlibrary.org

Über eine Million Titel, die Sie direkt an den Kindle senden lassen können oder als Kindle-kompatibles File downloaden dürfen.

ManyBooks
http://www.manybooks.net

Über 30.000 ausgewählte Bücher (teilweise aus dem Gutenberg-Projekt), die man direkt im Kindle-Format überspielen kann.

Kommerzielle Bücher

Hier sind Kindle-Besitzer im Prinzip auf den Amazon-Store angewiesen. Nicht dass dessen Auswahl schlecht wäre: Sowohl bei deutschen als auch bei internationalen Büchern ist das Angebot bereits heute riesig. Und das, obwohl gerade die deutschen Verlage sowohl bei der Digitalisierung als auch bei der Preisgestaltung extrem konservativ sind. Eine echte Chance für individuelle Autoren, zumal auch eigenhändig erstellte eBooks im Katalog völlig gleichberechtigt präsentiert werden. So finden sich in den Kindle-Top100 gleich mehrere, nicht von einem Großverlag angebotene eBooks.

Achtung, Firmenkunden und Freiberufler: Wer für seine eBooks eine Rechnung mit ausgewiesener Mehrwertsteuer braucht, hat beim Shoppen im Kindle-Store Pech. Der Amazon-Kundendienst meint dazu, man liefere eben nur an Privatpersonen.

Sie wollen lieber woanders einkaufen? Das kann zum Problem werden. Amazon hat sich beim Rechtemanagement für einen Sonderweg entschieden. Die in fast allen anderen kommerziellen eBook-Läden verwendeten Formate ePub und Adobe-PDF (mit DRM) werden vom Kindle bisher nicht unterstützt. Konvertierprogramme wie Calibre können Ihnen jedoch schon aus rechtlichen Gründen nur helfen, wenn ein Buch keinen Kopierschutz (DRM) besitzt – und das ist bei kommerziellen Büchern selten.

In Deutschland gibt es aber auch zwei eBook-Läden, die nur kopierschutzfreie Bücher anbieten: www.Beam-Ebooks.de und www.ePubli.de. Beide haben zwar nicht jeden Bestseller im Angebot, bieten aber doch genug Lesestoff – nachdem man die Bücher von dort mit Calibre in das Kindle-Format gewandelt hat.

Einkaufen mit dem Kindle Touch

Der Kindle Touch zeigt beim Einsatz in Deutschland eine Besonderheit: Er will sich nicht direkt mit Amazon.de verbinden. Er lässt sich zwar mit einem deutschen Account verknüpfen, doch Shoppen muss man dann am PC oder über den Browser. Über die Archiv-Funktion stehen die neu gekauften Titel trotzdem via Whispernet blitzschnell auf dem Kindle Touch zur Verfügung.

Unterstützte Buchformate

Ob kostenlos oder kommerziell – damit ein Buch auf dem Kindle angezeigt werden kann, muss es im geeigneten Format daherkommen. Dazu gehören im einzelnen:

AZW

Das Amazon-eigene AZW-Format basiert auf dem Mobipocket-Format (s.u.) und ist Kindle-exklusiv. Die meisten Bücher in diesem Format besitzen einen Kopierschutz. Das heißt auch, dass man sie nicht direkt von Kindle zu Kindle kopieren kann – man muss sie via Kindle oder Kindle-App vom Amazon-Server laden.

Wenn Sie den Kindle via USB an Ihren PC anschließen, sehen Sie, dass ein AZW-File von weiteren, bis auf die Dateiendung gleichnamigen Dateien begleitet werden kann. Lesezeichen und Anmerkungen liegen in einer MBP-Datei. Anmerkungen der Community („Popular Highlights") hält eine PHL-Datei bereit. Seitenzahlen sind, wenn für ein Buch verfügbar, in einer APNX-Datei gespeichert. Die Informationen und Buchtipps, die Ihnen am Ende eines Buchs angezeigt werden, sind in einer EA-Datei aufgeführt.

TPZ / AZW1

Das nicht sehr weit verbreitete Topaz-Format ist eine Eigenentwicklung von Amazon. Es kann zum Beispiel auch eigene, spezielle Schriftarten enthalten. Kopierschutz ist Standard. Die Lesezeichen liegen hier in einer begleitenden TAN-Datei.

MOBI / PRC

Entwickelt von der französischen Firma Mobipocket, ist es heute eines der im Netz häufigsten Formate für eBooks – vor allem für frei verfügbare. Mobi- oder PRC-Dateien können aber auch einen Kopierschutz besitzen. Dann sind sie auf dem Kindle leider nicht zu gebrauchen. Das ist unverständlich, wenn man bedenkt, dass Mobipocket inzwischen von Amazon gekauft wurde. Der von Mobipocket entwickelte „Mobipocket Creator" ist ein hilfreiches Werkzeug, um selbst Amazon-eBooks erstellen zu können.

PDF

Manche Online-Buchläden verkaufen eBooks auch im PDF-Format – jedoch so gut wie immer mit Kopierschutz (DRM), erkennbar am Zusatz „Adobe Digital Edition". Solche PDFs kann Kindle nicht öffnen. Alles weitere zum Lesen von PDFs finden Sie im Abschnitt „Sonstige Dokumente".

Zeitungen und Zeitschriften

Neben Büchern können Kindle-Besitzer auch Zeitungen und Zeitschriften abonnieren. Zum Redaktionsschluss lieferte Amazon täglich Frankfurter Allgemeine, Handelsblatt und NZZ ins Haus (plus einige fremdsprachige Zeitungen). Wöchentlich oder monatlich konnte man FOCUS, ZEIT und Wirtschaftswoche abonnieren.

Der Clou dabei: Alle Abos beginnen mit einem kostenfreien, 14-tägigen Probe-Abo. Wer dann nicht kündigt, bekommt ein Abonnement zum regulären Preis, der meist deutlich unter dem Kiosk-Preis liegt. Allerdings sind die meisten Abonnement-Druckerzeugnisse nur direkt an einen Kindle lieferbar, im Falle von Handelsblatt, FAZ und NZZ auch an Apps.

Wenn Sie eine Zeitung oder Zeitschrift abonniert haben, speichert Kindle, anders als bei Büchern, nur die letzten sieben Ausgaben. Wenn Sie eine Ausgabe länger aufbewahren wollen, müssen sie das Heft öffnen, das Kontextmenü aufrufen und daraus „Keep this Issue" wählen.

Nach dem Öffnen einer neu empfangenen Ausgabe landen Sie zunächst auf Seite 1 – bei Zeitungen in der Regel der Aufmacherartikel. Am unteren Bildschirmrand finden Sie die Navigation. Dort können Sie zwischen „Articles List" (alle Artikel nacheinander mit Überschrift und Artikelbeginn) und „Sections & Articles" (links die Ressorts, rechts die zugehörigen Artikel) hin- und herwechseln. Zwei interessante Funktionen bietet die MENU-Taste: „Clip This Article" schreibt den aktuellen Artikel in Ihre Clippings-Datei, während „Search This Issue" die Suchfunktion aufruft.

Sections & Articles • May 12, 2011	3G ⊪ 🔋

DIE⚜ZEIT

Sections 1 - 12 of 18		Articles 1 - 4 of 4
• **Seite 1**	(4)	Damit die Würde bleibt
Politik	(24)	Schluss mit luftig
Dossier	(2)	Es grünt im Klub
Wochenschau	(3)	Skandal auf Samoa
Geschichte	(4)	
Wirtschaft	(26)	
Wissen	(9)	

Blogs & Co.

Leider bietet Amazon in Deutschland das Abonnieren von Blogs noch nicht direkt an – im US-Amazon-Store sind diese quasi im Hauptmenü zu finden. Es gibt aber eine Alternative: Den Google Reader, der via Kindle sehr bequem nutzbar ist.

Google Reader ist ein Feedreader, also ein Dienst, der von Blogs und anderen Websites automatisch zur Verfügung gestellte Zusammenfassungen von Beiträgen sehr übersichtlich darstellt. Um ihn zu benutzen, brauchen Sie einen Account. Dessen Einrichtung und das Abonnieren spannender Feeds übernehmen Sie am besten vom PC oder Mac aus. Wenn Sie später nur mit Kindle unterwegs sind, bekommen Sie über WLAN (via UMTS erlaubt Amazon in Deutschland keinen Internetzugang) stets die neuesten Nachrichten geliefert.

Auf dem Kindle navigieren Sie dazu am besten auf die mobile Version des Readers, die unter http://www.google.de/reader/m erreichbar ist. Nun sehen Sie bereits die Liste der neuesten Meldungen der von Ihnen abonnierten Sites – ein Klick genügt, und Sie bekommen den Volltext auf den Bildschirm.

Eine Alternative dazu ist die Benutzung von InstaPaper. Dabei handelt es sich um einen Dienst, der jede Art von Internetseiten zu einer Art persönlicher Zeitung zusammenstellt. Es gibt Apps für fast jede Plattform – aber InstaPaper unterstützt auch den Kindle.

Dazu müssen Sie der Website (für die Sie einen kostenlosen Account benötigen) die E-Mail-Adresse verraten, unter der Ihr Kindle Dokumente empfangen kann. Sie endet auf @kindle.com (kostenpflichtige Lieferung via 3G) oder @free.kindle.com (Lieferung via WLAN-Download). In Ihrem Amazon-Account müssen Sie zudem eine von InstaPaper zur Verfügung gestellte Adresse eintragen, die zum Senden von Dokumenten berechtigt ist.

Wenn Sie nun mit InstaPaper-Unterstützung im Web browsen und auf eine interessante Seite stoßen, senden Sie diese per Mausklick an Ihren Kindle – dort können Sie sie später in Ruhe durchlesen.

Audible Audiobooks (nur K3)

Der Kindle 3 unterstützt von Haus aus zwei Formate für Hörbücher: Das Audible-Format und MP3 (siehe Musik). Dateien im Audible-Format gibt es beim gleichnamigen Anbieter, der auch in Deutschland vertreten ist (und eine Tochter von Amazon ist). Nach dem Kauf am PC muss man Sie per USB auf den Kindle transferieren, und zwar in dessen Ordner „Audible". Die Hörbücher erscheinen dann wie ganz normale Werke im Regal, tragen allerdings den Zusatz „audio".

Das Audible-Format ermöglicht beim Hören des Buches mehr Komfort (etwa Lesezeichen). Es gibt aber leider keine Möglichkeit, MP3 in Audible zu konvertieren. Der Audiomodus reduziert allerdings nach eigenen Tests des Autors die Akkulaufzeit erheblich. Ob nun mit MP3 oder Audible, nach rund sechs Stunden will das Gerät dann wieder an die Steckdose.

Gute Quellen für Hörbücher:
Audible.de
http://www.audible.de

Audible bietet in Deutschland etwa 40.000 Titel, darunter viele Bestseller zum Anhören. Die Preise liegen meist um zehn Euro. Die Firma bietet außerdem Abomodelle an, die die Kosten reduzieren. Manch besonders beliebtes Hörbuch wird nur an Abokunden verkauft, um das Geschäft etwas anzukurbeln. Beim ersten Abspielen einer Audible-Datei müssen Sie Ihren Kindle bei Audible anmelden (nicht bei Amazon!), dazu benötigen Sie einen Audible-Account.

Libri.de
http://www.libri.de

Diese Plattform des deutschen Buchhandels verkauft Hörbücher im MP3- und im WMA-Format. Nur MP3 ist mit dem Kindle kompatibel. Auch hier sind Abos möglich.

Claudio
http://www.claudio.de

Ein weiterer deutscher Anbieter mit eigenem Abo-Modell. Ebenfalls MP3- und WMA-Downloads, wobei nur MP3 auf Kindle abspielbar ist.

LibriVox
http://librivox.org

Ein internationales Projekt, bei dem Freiwillige Bücher mit abgelaufenem Urheberrecht (etwa aus dem Gutenberg-Projekt) vorlesen – die so entstandenen Audiobooks lassen sich hier herunterladen. Um deutsche Bücher zu finden, lassen Sie sich „More Search Options" anzeigen und wählen dann unter „Language" die Option „German". Die Bücher werden meist als MP3-File geliefert, das auf dem Kindle abspielbar ist, aber nicht als Hörbuch erkannt wird.

Sonstige Dokumente

Von sich aus, also durch Herüberziehen vom PC, versteht Kindle nur, mit Dokumenten mit den Dateiendungen PDF und TXT umzugehen. Wie gut die PDF-Darstellung funktioniert, fällt von Dokument zu Dokument unterschiedlich aus. Unter Umständen kann es sinnvoll sein, das PDF durch Amazon konvertieren zu lassen (siehe nächster Abschnitt).

TXT-Dateien dürfen auch HTML-Befehle enthalten, deshalb kann man mit einem Trick auch jede HTML-Seite auf dem Kindle betrachten: Man muss ihr nur die Endung TXT verpassen. Schwierigkeiten hat der Kindle dabei vor allem mit Tabellen. Links ins Web sind möglich – das kann man nutzen, um sich eine Linkliste als TXT-Datei aufzubauen.

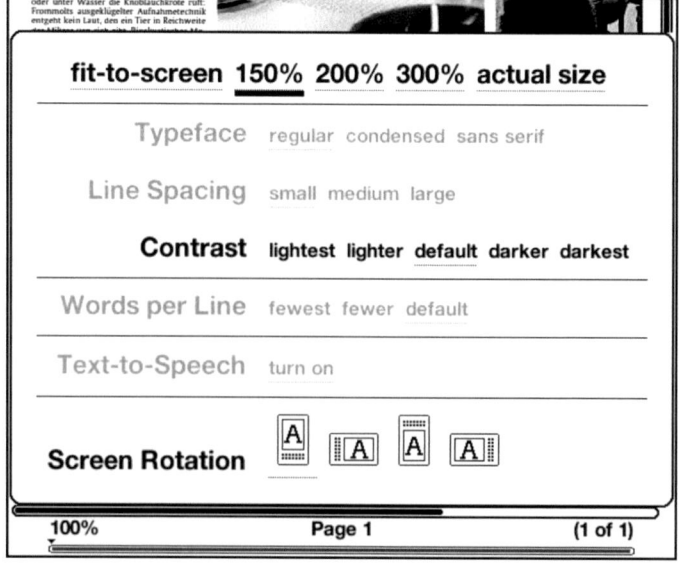

Dokumente konvertieren

Mit etwas mehr Aufwand gibt es fast nichts, was der Kindle nicht darstellen kann. Bei vielen Dokumentarten hilft Amazon selbst – nämlich bei DOC und DOCX (Microsoft Word), den Textformaten TXT und RTF (Wordpad) und den Grafikformaten Jpeg, GIF, PNG und BMP. Dazu muss der Kindle-Nutzer die umzuwandelnden Dateien an seine eigene Kindle-Adresse emailen, wie sie unter http://www.amazon.de/myk aufgeführt ist. Sie lautet in der Regel name@kindle.com.

Dasselbe gilt, wenn ein PDF noch besser an die Fähigkeiten des Kindle anzupassen ist – in diesem Fall braucht Amazon des Schlüsselwort CONVERT in der Betreffzeile, sonst leitet man die Datei unverändert weiter. Zur Beschleunigung des Uploadvorgangs kann man die Dateien auch in ein ZIP-Archiv verpacken, Amazon konvertiert dann den Inhalt des Archivs.

Der Vorgang geht schnell und ist bequem, weil die Dateien via Whispernet direkt auf den Kindle gelangen. Es fallen allerdings Gebühren an. Derzeit berechnet Amazon pro angefangenes Megabyte je 25 Cent. Dabei rechnet man jedes Dokument einzeln ab, auch kleine Texte kosten also pro Stück mindestens 0,25 Euro. Das gilt sogar denn, wenn man eine ZIP-Datei gemailt hat: Hier nimmt Amazon die Dateigröße vor dem Zippen als Basis.

Wenn Sie diese Gebühren vermeiden wollen, gibt es eine Alternative: Mailen Sie stattdessen an name@free.kindle.com. Amazon konvertiert die Files dann und schickt Ihnen per E-Mail einen Download-Link, über den Sie das konvertierte Material zuerst auf Ihren Computer laden können, bevor Sie es via USB zum Kindle transferieren. Eine zweite Alternative besteht darin, für die Umwandlung das Programm Calibre zu benutzen, das im Software-Kapitel genauer beschrieben wird. Es versteht unter anderem CHM (HTML-Help von Microsoft), das weit verbreitete ePUB (nur ohne Kopierschutz), FB2 (Fictionbook), HTML, ODT (Open Office), PDB (Buchformat von älteren Palm-PDAs), PDF, RTF (Wordpad u.a.), TCR (Buchformat von älteren Psion-PDAs) und TXT.

Musik (nur K3)

Kindle kann, falls Ihnen beim Lesen noch langweilig sein sollte, auch MP3-Files abspielen. Diese müssen Sie via USB vom Computer aus in das Verzeichnis „music" kopieren. Dann können Sie den MP3-Player via HOME -> MENU -> Experimental aufrufen. Oder aber Sie benutzen einfach den Shortcut ALT + Leertaste. Die Abspielreihenfolge richtet sich nach der physischen Reihenfolge, in der die Dateien auf den Kindle kopiert wurden, nicht nach dem Alphabet. Das ist, zugegeben, etwas unpraktisch.

Kurzbefehle beim Abspielen von MP3

ALT + F	Wiedergabe starten / stoppen
ALT + Leertaste	Nächster Track

Fotos

Der Kindle bewirbt seine Fähigkeit zwar nicht, aber er ist doch (in seinen Grenzen) ein ganz anständiger Fotobetrachter. Die Bilder in den Formaten Jpeg, GIF oder PNG sollten, schon damit sie nicht zu viel Platz wegnehmen, in 16 Graustufen konvertiert und auf 600 x 800 Punkte reduziert werden. Dann packt man sie via USB in einen (neu anzulegenden) Ordner namens „pictures". Damit hier verschiedene Alben erscheinen, muss man passende Unterordner anlegen, etwa für Familie oder Urlaub (Bilder direkt in „pictures" zeigt Kindle nicht an).

Alternativ ist es auch möglich, die zu einem Album

gehörenden Bilder in eine ZIP-Datei mit dem Namen des Albums zu kopieren und diese dann in den „documents"-Ordner des Kindle zu übertragen. Nachdem Sie den Kindle-Bildschirm mit ALT + Z aufgefrischt haben, erscheinen Ihre Alben als neue Dokumente im virtuellen Regal.

Beim Betrachten von Fotoalben erhalten MENU und die Text-Taste neue Funktionen. Praktisch finde ich, im MENU die Option „Enable Pan to to Next Page" zu aktivieren, dann kann man auch mit den Pfeiltasten zum nächsten Bild manövrieren (ansonsten helfen stets die Blätter-Tasten).

Dass die Foto-Funktion noch im Betastadium ist, merkt man an häufigen Abstürzen, außerdem wird der Bildschirm manchmal nicht korrekt neu gezeichnet.

Auch der Kindle 4 kann noch Fotos anzeigen, allerdings wird es hier etwas komplizierter. Einzelne Bilder führt der E-Reader nicht vor. Vielmehr möchte er die Bilder in den Formaten Jpeg, GIF oder PNG und mit höchstens 600 x 800 Punkten in einem ZIP-File haben, das in seinem documents-Ordner liegen muss. Verschiedene Alben verpackt man also einfach in unterschiedliche ZIP-Dateien. Nach dem ordnungsgemäßen Abmelden des Kindle vom Computer aktualisiert der E-Reader automatisch seine Inhalte, und das Bilderalbum sollte sichtbar sein.

Beim Betrachten von Fotoalben erscheinen über die MENU-Taste neue Funktionen, die auch beim deutschen Kindle 4 noch nicht übersetzt wurden. Praktisch finde ich, im MENU die Option „Enable Pan to to Next Page" zu aktivieren, dann kann man auch mit den Pfeiltasten zum nächsten Bild manövrieren (ansonsten helfen stets die Blätter-Tasten). Im "Full Screen Mode" verschwindet die Leiste oben. "Partial Refresh" ist eher nicht zu empfehlen, so wird nur ein Teil des Bildschirms erneuert.

Dem Kindle Touch hat Amazon die Fotofunktion im Prinzip abgewöhnt. Bilder kann man ihm nur überspielen, indem man sie gezippt an die eigene Mailadresse name@kindle.com schickt. Auf dem Kindle kommt dann eine Mobipocket-Datei an, die wie ein normales Buch angezeigt wird. Das funktioniert dann zwar gut, aber bei größeren Sammlungen ist das doch komplizierter als der Weg über USB.

Kurzbefehle im Bildbetrachter (nur K3)

q	einzoomen
w	auszoomen
e	Zoom-Reset
r	Bild drehen
f	Vollbild-Modus ein / aus
c	Normalansicht (100%)

Websites – der Browser

Auf den Webbrowser sind Sie vermutlich schon gestoßen: Er wird von der Suchfunktion gestartet, falls Sie diese bei Google oder in der Wikipedia fahnden lassen. Sie können den Browser aber auch selbst starten, indem Sie vom HOME-Bildschirm aus MENU -> Experimental / Experimentell anklicken. Alternativ können Sie auf dem HOME-Bildschirm auch direkt mit dem Eintippen der Adresse beginnen. Das führende „http://" brauchen Sie dabei nicht. Anschließend müssen Sie nur noch mit den Pfeiltasten auf „Go to" manövrieren und OK drücken. Der Browser ist sicher nicht mit dem eines Smartphones vergleichbar, doch er hat einen Vorteil: Sie haben ihn automatisch immer mit dabei. Kleiner Haken: ins freie Internet lässt Sie Amazon bisher leider nur per WLAN, nicht über das Whispernet (jedenfalls hierzulande, in den USA ist das zum Beispiel anders). Es gilt also, unterwegs zunächst einen nutzbaren WLAN-Hotspot zu finden. Kindle-4-Nutzer haben da ja sowieso nicht die Wahl.

Die Techniken Javascript, SSL und Cookies unterstützt der Browser, doch bei Flash, Shockwave oder gar Java muss er passen. Außerdem ist eine Auflösung von 600 x 800 Punkten natürlich bei vielen Websites nicht optimal, auch die fehlende Farbdarstellung macht sich bemerkbar.

Wenn eine Website auf dem Bildschirm erscheint (in aller Regel nicht komplett), können Sie sie mit den Pfeiltasten „erforschen". Mit den Blätter-Tasten springen Sie von Bereich zu Bereich, als würden Sie mit einer Computermaus nach unten und oben scrollen. Um Links aufzurufen, müssen Sie mit den Pfeiltasten den Cursor darüber führen und dann OK klicken.

Wenn Ihnen der Webbrowser zu langsam arbeitet, versuchen Sie es doch mal damit, die Option „Enable Images" (K3) / „Bilder deaktivieren" (K4) auszuschalten, die Sie über MENU -> „Settings" (K3) / „Browser-Einstellungen" (K4) erreichen – das Programm verzichtet dann auf sämtliche Bilder. Etwas lästig ist übrigens, dass der Browser sich weigert, manche Seiten zu öffnen – wenn die Website diese nämlich in einem neuen Fenster öffnen will.

Im Browser bekommen auch die MENU- und die Text-Taste neu Funktionen. Sehr praktisch ist dabei der „Article Mode" (K3) / „Artikel-Modus", den Sie über MENU erreichen. In diesem Modus, der vor allem für Unterseiten etwa von News-Websites gedacht ist, versucht der Browser, eine Artikelstruktur aus Überschrift und Lauftext zu erkennen. Der Artikel liest sich dann so übersichtlich, als käme er aus einem Buch.

Ein Tipp: Statt der Lesezeichen-Funktion des Webbrowsers („Bookmarks" (K3) / „Lesezeichen" (K4)) können Sie sich auch eigene Sammlungen von besonders Kindle-freundlichen Sites zusammenstellen, idealerweise nach Thema. Sie legen dazu einfach eine HTML-Datei an (dazu sind auch Word oder OpenOffice geeignet) und benennen diese händisch vor dem Transfer zum Kindle auf die Endung .txt um. Das Ergebnis können Sie dann wie ein Buch öffnen – und die darin enthaltenen Links mit einem Klick starten.

Spiele

In den USA bietet Amazon im Kindle-Store bereits so genannten „Active Content" an – Anwendungen, die über reines Lesematerial hinausgehen, vor allem Spiele. Das noch eher dürre Angebot (kein Vergleich mit Apples Appstore) ist in Deutschland leider noch nicht verfügbar. Im Tipps&Tricks-Abschnitt erfahren Sie allerdings, wie Sie zumindest als Kindle-3-Besitzer bei zwei Spielen Geschicklichkeit beweisen können.

Kindle – die Software

Anders als Apple zu iPod und iPhone, liefert Amazon für den Kindle keine eigene, spezielle Software. Das ist einerseits gut: Man kann den Kindle von jedem Computer aus verwalten, der auch eine externe Festplatte erkennt. Andererseits ist der Komfort natürlich geringer. Doch es gibt ja Calibre, das seine Programmierer nicht ganz zu unrecht als „iTunes für eBooks" bezeichnen.

Kindle ohne WLAN

Zwar bietet auch schon die günstigste Version des Kindle einen WLAN-Zugang, doch mit Büchern kann man das Gerät ebenso gut auch via USB-Kabel beschicken. Es wird von jedem gängigen Betriebssystem als externes Laufwerk erkannt.

Amazon bietet auf der privaten Kindle-Seite jedes Nutzers die Option, erworbene Inhalte als Datei auf dem Computer zu speichern. Sie finden die Funktion relativ weit unten auf der Seite unter „Ihre Bestellungen". Das Feld „Liefern an" am Ende der Tabelle bietet auch die Option „Per Computer übertragen", die genau diesen Zweck erfüllt. Danach müssen Sie die PRC-Datei nur noch in das „documents"-Verzeichnis Ihres Kindle schieben.

Kindle unter Linux

Das eben beschriebene Verfahren funktioniert auch problemlos unter Linux (tatsächlich läuft auf dem Kindle übrigens Linux als Betriebssystem). Wenn Sie Ihren Schmökerstoff am Linux-Rechner lesen wollen, können Sie dazu die Kindle-PC-App benutzen (siehe unten). Allerdings brauchen Sie dazu zwingend die Version 1.3.x des Windows-Emulators Wine. Erst wenn Sie diese unter Linux eingerichtet haben, können Sie an die Installation der Kindle-App gehen.

Einige Nutzer berichten, dass sie Wine zunächst mit dem Konfigurationsprogramm winecfg beibringen mussten, sich als Windows 98 auszugeben. Vom unten beschriebenen Programm Calibre gibt es ebenfalls eine Linux-Version.

Kindle am Mac

Für den Mac bietet Amazon eine Kindle-App an, die weiter unten beschrieben ist. Auch von Calibre existiert eine MacOS-Variante.

Und natürlich kann man den Kindle problemlos via USB mit dem Mac verbinden, wo er brav als externes Laufwerk gelaunght wird.

Kindle Cloud Reader

Mit dem Cloud Reader versucht Amazon, Apple ein Schnippchen zu schlagen. In den iOS-Apps sind nämlich neuerdings Links zu eigenen Shopping-Angeboten untersagt. Der Kindle Cloud Reader ahmt nun eine App nach, ist aber in Wirklichkeit eine Website, auf der man in schicker Optik seine gekauften Kindle-Books lesen kann.

Voraussetzung sind allerdings die Webbrowser Safari, Firefox oder Chrome, egal für welche Plattform.

Calibre – das iTunes für eBooks

Calibre ist kostenlos verfügbar, und zwar von der Website http://calibre-ebook.com/. Zum Redaktionsschluss hatte die aktuellste Windows-Version die Nummer 0.8.15, erhältlich ist es auch für MacOS und Linux. Wenn Sie das Programm heruntergeladen haben, müssen Sie Calibre zunächst einrichten. Im ersten Screen wird Ihnen angeboten, die E-Mail-Adresse einzugeben, unter der Ihr Kindle Dokumente per E-Mail empfängt. Beachten Sie allerdings, dass dieser Service Geld kosten kann (siehe „Dokumente konvertieren").

Danach öffnet sich der Haupt-Bildschirm. iTunes-Nutzern wird dieser einigermaßen bekannt vorkommen. Das große Feld in der Mitte führt all Ihre Titel auf, links daneben finden sich jede Menge Sortieroptionen, etwa nach Titel, Autor oder auch nach Format. Das beste daran ist, dass Sie sich um die Formate (solange kein Kopierschutz vorhanden ist) keine Sorgen machen müssen. Wenn Sie ein Buch auf Ihren per USB angeschlossenen Kindle übertragen, wird es (nach Nachfrage) automatisch ins passende Format konvertiert.

Auch zu Buch- und Newsquellen führt Sie Calibre sehr bequem. Wenn Sie auf das Symbol mit der blauen Weltkugel klicken (in der Standard-Einstellung ist es nur sichtbar, wenn der Kindle NICHT am Computer angeschlossen ist), öffnet sich eine universelle Buch-Suche, in der Sie nach beliebigen Stichwörtern fahnden können.

Die Ergebnisliste führt unter anderem auf, in welchem Format ein Buch wo erhältlich ist, was es dort kostet und ob

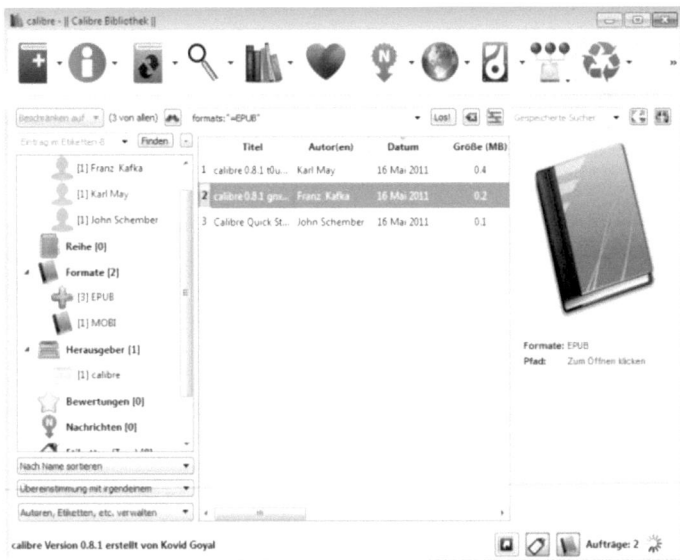

es mit einem DRM kopiergeschützt ist. Sie wissen ja: kopiergeschützte Dateien kann Kindle nur öffnen, wenn es sich um das Kindle-eigene Format handelt. Ein Mausklick auf das Buch führt Sie auf die Website des Anbieters, von der Sie das Buch oft direkt in Ihre Calibre-Bibliothek übertragen können.

Wenn Sie sich für Geschehnisse in aller Welt interessieren, können Sie sich auf ähnliche Art auch die Inhalte von RSS-Feeds an Ihr Gerät schicken lassen. Dazu brauchen Sie das Icon mit dem roten N. Dahinter findet sich auch für Deutschland schon eine größere Vorauswahl, Sie können aber auch eigene RSS-Feeds eintragen. Nach einem definierbaren Zeitplan werden diese dann aktualisiert und wenn möglich auch gleich so auf Ihren E-Reader überspielt, dass Sie sie dort wie eine Zeitung lesen können, auch mit denselben Funktionen wie bei einer normalen Kindle-Zeitung. Sehr praktisch vor jeder längeren Zugfahrt!

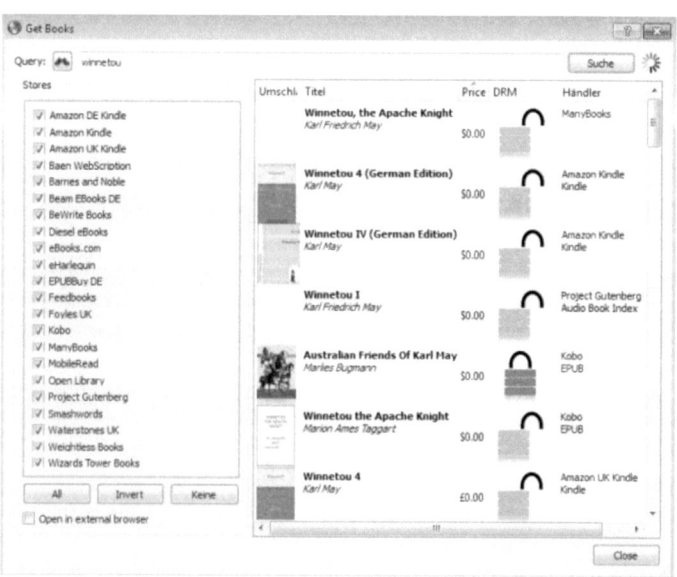

Calibre besitzt noch so viele andere, nützliche Funktionen, dass deren Beschreibung den Rahmen dieses Buches sprengt. Da die Oberfläche schon komplett ins Deutsche übersetzt vorliegt, müssen sich aber auch Einsteiger vor der Komplexität nicht fürchten.

Mangle – Bilder für Kindle bearbeiten

Das einzige Feld, das Calibre etwas stiefmütterlich behandelt, sind Fotos. Darum kümmert sich umso besser das kostenlose Programm Mangle, das Sie von http://foosoft.net/mangle/ downloaden können. Mangle wurde eigentlich für gescannte Mangas entwickelt, eignet sich aber auch sehr gut dafür, die Familienfotos auf den Kindle zu übertragen. Der Umgang mit der Software ist ausgesprochen simpel: Sie braucht nicht einmal installiert zu werden.

Nach dem Start der Exe-Datei fügen Sie die zu konvertierenden Fotos hinzu, legen einen Namen für Ihr „Fotobuch" fest – und los geht's. Mangle rechnet Ihre Bilder auf die 16 Graustufen des Kindle um, verkleinert sie auf höchstens 600x800 Punkte und malt auf Wunsch auch noch einen Rahmen um die Fotos. Die befinden sich danach komplett in einem Verzeichnis, das den von Ihnen gewählten Namen trägt, und warten nur noch darauf, per USB zum Kindle übertragen zu werden.

Kindle – Tipps und Tricks

Bildschirmfotos anfertigen

Um den aktuellen Zustand des Kindle-Bildschirms zu verewigen, genügt es, die Tastenkombination Alt + Shift + G auszulösen (Kindle 4: TASTATUR + MENU). Die Screenshots landen in dem Ordner „documents", den sie vom Hauptverzeichnis Ihres Kindle aus ansteuern können. Die Bildschirmfotos haben GIF-Format und sind am PC problemlos weiterzubearbeiten – auch die Fotos in diesem Buch sind so entstanden. Beim Kindle Touch müssen Sie dazu HOME gedrückt halten, auf den Bildschirm tippen oder wischen, HOME halten und loslassen.

Buchseiten drucken

Der Kindle hat keine Druckfunktion eingebaut, es ist auch aus verständlichen Gründen nicht damit zu rechnen, dass Amazon diese irgendwann nachliefert, schließlich will man ja weiterhin auch gedruckte Exemplare verkaufen. Mit ein paar eher kruden Tricks kann man eBooks aber trotzdem auf Papier bannen. Ich warne gleich vorab – die Tricks sind doch umständlich genug, dass Sie damit sicher kein ganzes Buch drucken werden wollen.

Zum ersten können Sie die Markierungsfunktion des Kindle nutzen, die unter „Ausschnitte und Anmerkungen" beschrieben ist. Übertragen Sie die Clippings zum PC und drucken Sie sie dort. Zum zweiten besitzt der Kindle ja die eben beschriebene Screenshot-Funktion. Die GIF-Bilder, die Sie so erhalten, können Sie ebenfalls am Computer ausdrucken.

Ähnlich funktioniert, drittens, es über die Kindle-PC-App: Wenn Sie ALT+DRUCK drücken, legt Windows ein Bildschirmfoto in die Zwischenablage, das sie in ein

Zeichenprogramm über STRG+V einfügen und dann drucken können. Am Mac benutzen Sie dafür die Tastenkombination ALT plus Apfel plus F4. Und, viertens, schließlich ist der Kontrast des Kindle-Displays auch hoch genug, dass sie den Bildschirminhalt an einem normalen Fotokopierer duplizieren können.

Minesweeper spielen (K3)

Die Kindle-Programmierer sind offenbar mit Windows aufgewachsen – jedenfalls ließen sie es sich nicht nehmen, eine Variante des populären Spiels auf dem Kindle umzusetzen. Die Tastenkombination Alt + Shift + M (im HOME-Screen zu drücken) startet das Spiel. Mit den vier Pfeiltasten bewegt man den Cursor über das Minenfeld. Glaubt man, eine Mine gefunden zu haben, betätigt man „M". Meint man, ein ungefährliches Feld unter dem Cursor zu sehen, muss man stattdessen Enter drücken. Wenn es jetzt nicht zur Explosion kommt – Glück gehabt. „R" startet das Spiel jederzeit neu.

GoMoKu spielen (K3)

Dieses stark an Tic-Tac-Toe erinnernde Duell gegen den Computer starten Sie direkt aus Minesweeper, indem

Sie „G" drücken. Die Pfeiltasten bewegen erneut den Cursor, „X" setzt ein Kreuz in das aktuelle Feld. Das Ziel besteht darin, als erster eine Fünferlinie zu erhalten – waagerecht, senkrecht oder diagonal. Hier startet „N" ein neues Spiel, mit „M" geht's zurück zu Minesweeper.

Kostenlose Textadventures (K3)

Interaktive Inhalte erlaubt Amazon in Deutschland noch nicht. Mit ein paar Tricks ist es aber möglich, zumindest Textadventures zu spielen. Grundlage dafür ist KIF – der Kindle Infocom Interpreter. Die Software finden Sie auf der Website des Programmierers. Auch, was Sie alles vorab erledigen müssen, ist dort beschrieben.

Achtung, absolute Einsteiger sollten sich an das Vorhaben vielleicht eher nicht wagen. Der Lohn ist eine riesige Bibliothek von Textadventures (teils in Deutsch), die Sie auf der Zcode-Übersichtsseite finden.

Kindle als Übersetzer

Noch ein praktisches Tool für unterwegs. „Kindlefish" kindlefish.t15.org ist die Website, die man auf dem Kindle zum Übersetzen von Worten und ganzen Texten verwenden kann. Dahinter steckt der Google-Translator, der so angepasst wurde, dass er auch auf dem Kindle einfach zu bedienen ist. Vorausgesetzt natürlich, man hat gerade via 3G oder Wi-Fi Internetzugang.

Webseiten offline lesen

Die Tatsache, dass man als Kindle-Nutzer nicht überall uneingeschränkt im Web surfen kann, ist schon nervig. Zum Glück gibt es immer wieder findige Entwickler, die dem geplagten Kunden aus der Patsche helfen. So geschehen mit dem kostenlosen Service von SENDtoREADER.com. Dieses Skript ermöglicht es, den Inhalt jeder beliebigen Website per

E-Mail an den Kindle zu übertragen. Einfach im Browser eine Seite aufrufen, das Lesezeichen anklicken, fertig! Innerhalb weniger Sekunden wird die Seite im „Home"-Bereich des eBook-Readers angezeigt! Und das inklusive Fotos und mit Text, der für den Kindle optimiert wurde. Sogar Werbebanner und unnötige Navigationsleisten stören nicht, weil sie einfach herausgefiltert werden.

Ein großes Lob und herzlichen Dank an Sergey Pozhilov, der das Tool entwickelt hat und der Netzgemeinde kostenlos zur Verfügung stellt! Die Einrichtung des Dienstes dauert nur ein paar Minuten: Gehen Sie auf www.sendtoreader.com und registrieren Sie sich dort mit Ihrer E-Mail-Adresse und einem selbst gewählten Benutzernamen. Sie erhalten eine E-Mail mit Ihren Logindaten. Loggen Sie sich in Ihr neues Konto auf www.sendtoreader.com ein. Auf der Startseite Ihres Kontos finden Sie den Hinweis auf ein so genanntes „Bookmarklet", ein Skript, das Sie als Bookmark in die Lesezeichenleiste des verwendeten Browsers einfügen. Für Firefox gibt es alternativ bereits ein Plugin. Weiter unten geben Sie die persönliche E-Mail-Adresse Ihres Kindle ein. An diese werden die Dokumente geschickt. Hier haben Sie noch die Auswahl zwischen „ihrname@kindle.com" und „ihrnahme@ free.kindle.com". Öffnen Sie die Seite amazon.com/myk und loggen Sie sich ein. Unter „Ihre genehmigte Kindle-E-Mail-Liste" fügen Sie „kindle@sendtoreader.com" hinzu. Das war es. Jetzt surfen Sie zu einer Website, klicken auf das Lesezeichen „SENDtoREADER", und schon wird die „Datei" auf das Gerät übertragen.

Den Kindle aufräumen

Je mehr Dokumente man auf dem eBook-Reader hat, desto unübersichtlicher wird es irgendwann. Es empfiehlt sich, „Collections" (Sammlungen) zu spezifischen Themen anzulegen. z.B. „Arbeit", „Hobby", „Thriller", „Persönliche Dokumente" usw. Dabei hilft der „Kindle Collection Manager". Einfach installieren, Kindle per USB an den PC anschließen und Dokumente sortieren.

Im linken Fenster werden alle Dokumente auf dem Gerät angezeigt. Im rechten Fenster sehen Sie die bereits existierenden Collections. Nun können Sie per Drag-and-Drop Dokumente von einem Fenster und einem Ordner in das andere ziehen. Per Klick auf die rechte Maustaste erscheint das Zusatzmenü für beide Fenster. So können Sie neue Ordner erstellen, bestehende umbenennen oder löschen. Wenn Sie fertig sind, nicht vergessen rechts oben auf „Commit changes to Kindle" (Änderungen speichern) zu klicken, sonst war die ganze Mühe umsonst. Das Tool gibt es kostenlos, Sie müssen sich lediglich anmelden:

www.colegate.net/KindleCollectionManager/

Der Kindle als Stadtführer

Auf der Website eBookMaps.com (von einer tschechischen Firma betrieben) können eReader-Besitzer kostenlose Karten für eine große Zahl von Städten weltweit herunterladen. Die Darstellung ist für eInk-Displays optimiert. Ein Straßen-Index ergänzt die Karten. Die Bücher sind im Mobi-Format (für Kindle) und als ePub erhältlich – kostenlos, wie gesagt. In Deutschland sind derzeit Berlin, Dresden, Frankfurt, Hamburg, Hannover, München und Regensburg vertreten. Auf dem Kindle sehen die Karten übrigens besser aus als in der Kindle-App für PC. Die Daten für die Städtekarten kommen vom Open-Streetmap-Projekt.

Der Kindle als Kalender

Der deutsche Amazon-Store bietet bereits verschiedene Kalender für Ihren Kindle. Termin-Erinnerungen sind mit keinem davon möglich. Die grafische Darstellung ist unterschiedlich gut, machen Sie sich am besten selbst ein Bild. Zum Eintragen eigener Termine wird die Notizfunktion des Kindle genutzt, die Termine erscheinen dann also ähnlich wie Fußnoten. Natürlich gefällt mir mein eigener Kalender am besten: Der illustrierte Kindle-Kalender 2011/2012 (http://www.amazon.de/dp/ B0052MTNZ4/).

Kostenlos Websurfen im Urlaub

Zwar kann man in Deutschland nicht via 3G frei im Netz surfen – in anderen Ländern aber schon, und zwar auch mit einem „deutschen" Kindle. Also falls Sie in eines dieser Länder fahren – probieren Sie es doch mal:

- Albanien
- Argentinien
- Aruba
- Australien
- Bahamas
- Barbados
- Bermuda
- Bolivien
- Brasilien
- Bulgarien
- Canada
- Cayman Islands
- Chile
- Dominikanische Republik
- Ecuador
- El Salvador
- Grenada
- Guam, Guatemala
- Guyana
- Haiti
- Honduras
- Hong Kong

- Indien
- Irland
- Island
- Jamaika
- Japan
- Kenia
- Kolumbien
- Kroatien•
- Liechtenstein
- Mazedonien
- Mexiko
- Montserrat
- Nikaragua
- Norwegen
- Panama
- Paraguay
- Peru
- Philippinen
- Polen
- Puerto Rico
- Rumänien
- Russland
- Saint Kitts und Nevis
- Saint Lucia
- Saint Vincent und Grenadinen
- Slowakei
- Slowenien
- Schweiz
- Südafrika
- Taiwan
- Thailand•
- Tschechien
- Ukraine
- Ungarn
- USA

- Uruguay
- US Virgin Islands
- Venezuela.

Womöglich wohnen Sie aber auch in Grenznähe und können sich im Mobilfunknetz des Nachbarlands einloggen? Den Telefonprovider stellen Sie so um: HOME -> Settings. Dann ALT festhalten und nacheinander E, Q, Q drücken. Es kommt eine Warnung -> OK.

Kindle als Taschenrechner

In der Suchfunktion des Kindle versteckt sich ein recht nützlicher Taschenrechner – einziger Nachteil: Die Aufgaben sind nicht ganz so leicht einzugeben wie bei einem echten Taschenrechner, weil man die SYM-Taste häufig braucht. Unterstützt werden die Grundrechenarten *, +, -, /. Dazu kommen Modulus % und Exponent ^.

Auch Klammerung ist möglich, jedoch nur mit runden Klammern (). Variablen darf man Werte zuweisen (a=1). Die Standard-Konstanten pi (Kreiszahl) und e (Eulersche Zahl) sind mit korrekten Werten vorbelegt. Das Ergebnis der letzten Operation wird in der Variablen _ (Unterstrich) gespeichert.

Zu den verfügbaren trigonometrischen Funktionen gehören Sinus sin(), Cosinus cos(), Tangens tan() mit ihren Arcus- und hyperbolischen Gegenstücken wie asin() oder sinh(). Dabei müssen die Argumente in Radians übergeben werden, nicht in Grad. Weitere unterstützte Funktionen sind abs() für den absoluten Wert, exp() für e hoch, ln() und log() für den natürlichen beziehungsweise dekadischen Logarithmus sowie sqrt() für die Quadratwurzel.

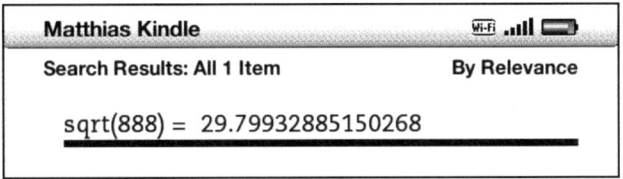

Noch nicht möglich: Kindle 4 / KT hacken

Derzeit gibt es noch kein funktionsfähiges Jailbreak für die Kindles ohne Tastatur. Eine erste Diskussion im MobileRead-Forum ergab, dass Amazon nun diverse Sicherheitsmechanismen eingebaut hat, die das Hacken zumindest deutlich erschweren. Sobald es da Neuigkeiten gibt, werde ich das Handbuch aktualisieren. Leider funktionieren dadurch alle auf dem Jailbreak basierenden Kindle-Tipps nicht.

Den Seitenrand des Kindle ändern (nur K3)

Bei nur 600x800 Bildpunkten ist jeder Pixel wertvoll. Trotzdem lässt Kindle standardmäßig genau je 20 Punkte links und rechts frei. Das lässt sich aber ändern – jedenfalls wenn Ihr Kindle noch nicht die Firmware 3.2.1 besitzt (erkennbar über MENU -> Settings, dann unten rechts nachsehen):

Öffnen Sie auf Ihrem Kindle den HOME-Bildschirm, bevor Sie ihn per USB an den Computer anschließen. Öffnen Sie die Datei reader.pref im Verzeichnis

\system\com.amazon.ebook.booklet.reader

mit einem Editor. Achtung, die Datei enthält nur Linux-Absatzmarken, deshalb zeigt das Windows-Notepad ziemliches Durcheinander. Es hilft oft, die Zeilen dann manuell zu trennen (Enter an jedem Zeilenende). Besser noch, Sie nutzen einen Editor wie Editpad (http://www.editpadlite.com/), der mit Linux-Zeilenenden umgehen kann. Falls Sie Datei oder Ordner nicht sehen können, müssen Sie Windows zuvor beibringen, auch versteckte Dateien anzuzeigen.

Nun ändern Sie im Editor den Wert, der hinter HORIZONTAL_MARGIN= steht – normalerweise 40, aber auch 20 oder 10 sind noch gute Werte. Speichern Sie die

Datei, entfernen Sie das USB-Kabel und starten Sie den Kindle neu.

Den Seitenrand des Kindle ändern (K3 + K4)

Mit einem Plugin für das Programm Calibre (siehe eigenes Kapitel dazu) lassen sich ebenfalls einige Grundeinstellungen des Kindle verändern – das funktioniert sogar noch beim Kindle 4. Das komplette Vorgehen ist hier beschrieben:http://www.mobileread.com/forums/showthread. php?t=118635

Variable Textausrichtung (nur K3)

Der Kindle besitzt ein verstecktes Menü, mit dem man über die Text-Taste auch die Ausrichtung von Absätzen verändern kann – nicht jeder mag den Standard-Blocksatz. Um das Menü nutzen zu können, öffnen Sie wie im vorigen Tipp die Datei reader.pref im Verzeichnis

\system\com.amazon.ebook.booklet.reader

mit einem Editor. Fügen Sie am Ende der Datei die Zeile

ALLOW_JUSTIFICATION_CHANGE=true

ein. Speichern Sie die Datei, entfernen Sie das USB-Kabel und starten Sie den Kindle neu. Und probieren Sie nun einmal in einem Buch die Text-Taste. Bei manchen Büchern ist der Textfluss allerdings fest im Layout vermerkt, daran kann dann auch die Text-Taste nichts ändern.

Geheime Optionen in reader.pref (nur K3)

Es gibt, haben findige Hacker herausgefunden, noch vier andere Parameter, die man reader.pref hinzufügen kann. Allerdings ist bisher nicht bekannt, unter welchen Umständen diese wirksam werden.

Wenn Sie mal zu viel Zeit haben, damit herumzuspielen, finden Sie vielleicht näheres heraus?

ALLOW_TWO_COLUMN_VIEW = true
ALLOW_ARTICLE_THUMBNAIL = true
ALLOW_READING_INDICATOR = true
ALLOW_USER_LINE_SPACING = true

Eigene Schriftarten installieren (nur K3)

Der Kindle zeigt all seinen Inhalt in einer eigentlich recht gut lesbaren Schriftart. Aber das ist Geschmackssache – manch einer bevorzugt vielleicht doch die Windows- oder Apple-Schriften. Auch diese kann man auf dem Kindle installieren – vorausgesetzt, man findet die passende Font-Datei. Dabei handelt es sich um Truetype-Fonts, die die Endung TTF tragen. Im Web gibt es jede Menge freier Schriftarten, wobei der Kindle da etwas wählerisch sein kann, nicht jede Schriftart funktioniert gleich gut.

Zur Illustration habe ich einfach die Schriftart Tahoma gewählt, die Sie im Fonts-Verzeichnis von Windows finden. Wie bei den meisten anderen Tricks muss man dazu die Datei reader.pref editieren, die im Verzeichnis

\system\com.amazon.ebook.booklet.reader
liegt. Ihr fügen Sie die Zeile

ALLOW_USER_FONT=true
an. Außerdem ändern Sie eine andere Zeile ab:
FONT_FAMILY=alt
Speichern Sie die Datei. Nun braucht der Kindle natürlich noch die eigentlichen Schriftarten. Dazu erzeugen Sie zunächst im Hauptverzeichnis des Geräts den Ordner fonts. Darin müssen Sie vier Schriftarten ablegen, die unbedingt diese Namen tragen müssen: alt-Regular.ttf (normale Schrift), alt-Bold.ttf (fett), alt-Italic.ttf (kursiv), alt-BoldItalic.ttf (fett+kursiv). Der Einfachheit halber habe ich in diesem Beispiel meine Schriftart (die nur eine normale und

eine fette Variante enthält) einfach zweimal dupliziert und den damit identischen Dateien die oben stehenden Namen gegeben. Dadurch sehen fett formatierte Texte natürlich genauso aus wie kursiv formatierte – wenn Sie das nicht wollen, müssen Sie tatsächlich vier passende, unterschiedliche Schriften finden.

Schließlich müssen Sie den Kindle nur noch neu starten, und Ihre eigenen Schriftarten sollten aktiv sein. Mit der neuen Schrift stehen Ihnen während des Lesens über die Text-Taste auch ein paar neue Funktionen zur Verfügung, probieren Sie es einfach aus. Aber Achtung: Sobald Sie die Einstellung „Typeface" über die Text-Taste von „alt" auf einen anderen Wert ändern, geht Ihre Wahl verloren (das merken Sie aber erst, wenn Sie ein anderes Buch lesen). Das liegt daran, dass der Kindle dann den Eintrag FONT_FAMILY wieder auf eine der Vorgaben stellt.

Falls Ihnen die Änderungen nicht mehr gefallen, genügt es also auch völlig, bewusst über die Text-Taste die Schriftart zu ändern. Falls der komplette Trick bei Ihnen nicht funktioniert, könnte das auch daran liegen, dass Sie vor dem Aktivieren der USB-Verbindung nicht den HOME-Bildschirm aufgerufen haben – das ist wichtig.

Der Trick ändert nur die Schriftart, in der Lesematerial aller Art (außer PDFs) angezeigt wird. Wenn Sie alle Systemschriften umstellen wollen, müssen Sie ein umständlicheres Verfahren nutzen, das hier beschrieben ist:

http://www.mobileread.com/forums/showthread.php?
t=88004

Auf einen Teil davon werde ich im übernächsten Tipp eingehen.

Bildschirmschoner deaktivieren (K3+K4)

Normalerweise legt der Kindle sich nach zehn Minuten automatisch zur Ruhe, indem er eine der vielen Bilder seines Bildschirmschoners anzeigt. Strom wird dadurch nicht gespart, da WLAN und 3G aktiviert bleiben, also kann man sich den Schoner eigentlich sparen. Das dem Kindle zu erklären, ist gar nicht so kompliziert:

Begeben Sie sich zum Homescreen und öffnen Sie ein Textfeld, indem Sie einen Buchstaben oder DEL antippen. Füllen Sie das Suchfeld mit dem Befehl

;debugOn

und drücken Sie die Eingabetaste. Öffnen Sie erneut ein Textfeld, und tippen Sie

~disableScreensaver

ein, erneut gefolgt von einem Druck auf die Entertaste.

Der Bildschirmschoner ist nun deaktiviert – das gilt auch für seinen manuellen Start über die Einschalttaste. Um ihn wieder zu aktivieren, öffnen Sie eine Suchbox und geben darin

~resumeScreensaver

ein, um abschließend Enter zu drücken. Welche anderen Kommandos im Debugmode möglich sind, verrät Ihnen ~help. Den Debugmode können Sie jederzeit durch

;debugOff

beenden – der Bildschirmschoner bleibt dabei ausgeschaltet. Erst nach einem Neustart vergisst der Kindle diese Einstellung.

Eigene Bildschirmschoner (K3)

Ein Bildschirmschoner für ein E-Ink-Display? Eine seltsame Idee, wie Sie schon im vorigen Tipp lesen konnten. Für Amazon trotzdem keine schlechte Idee: Dort gibt es nämlich inzwischen einen Kindle, der als Bildschirmschoner Werbung einblendet – und dafür billiger zu kaufen ist. In Deutschland ist diese Variante (noch?) nicht verfügbar, deshalb spricht nichts dagegen, die Vorgabe-Bilder durch eigene auszutauschen.

Statt Jane Austen lieber ein Porträt der eigenen Familie? Mit dem Trick kein Problem. Allerdings dürfte es sich dabei um den am schwierigsten umzusetzenden Tipp handeln, das Highlight gewissermaßen, wenn man die Installation eines völlig neuen Betriebssystems auf dem Kindle mal ignoriert. Erdacht wurde der Trick von findigen Nutzern des MobileRead-Forums, und dort ist auch alles nötige zu finden:

**http://www.mobileread.com/forums/showthread.php?
t=88004**

Schritt 1: Laden Sie vom Ende des MobileRead-Beitrags zunächst die Datei herunter, die das Wörtchen „jailbreak" in sich trägt. Zum Redaktionsschluss dieses Buchs war es

kindle-jailbreak-0.10.N.zip

Entpacken Sie die ZIP-Datei. Ermitteln Sie mit der Tastenkombination Alt + Umschalt + . (Punkt) die ersten vier Stellen der Seriennummer Ihres Kindle. Beim internationalen Kindle 3 mit 3G sollte das B00A sein, beim WLAN-Kindle 3 B008. Wenn die Seriennummer mit B00A beginnt, kopieren Sie die Datei

update_jailbreak_0.10.N_k3gb_install.bin

via USB in das Hauptverzeichnis Ihres Kindle, für die Seriennummer B008 muss es die Datei

update_jailbreak_0.10.N_k3w_install.bin

sein. Wenn Sie jedoch einen Kindle mit einer Seriennummer größer als 3.2 besitzen, verwenden Sie die BIN-Datei mit der 3.2.1 im Namen und der passenden Endung (k3gb beziehungsweise k3w). Nun entfernen Sie das USB-Kabel. Wenn die Tastatur wieder reagiert, wählen Sie auf dem HOME-Screen MENU -> Settings und drücken dort erneut MENU, um schließlich „Update Your Kindle" zu starten. Der Update-Prozess beginnt mit einer Sicherheitsabfrage, danach startet der Kindle neu.

Schritt 2: Laden Sie aus dem Beitrag im MobileRead-Forum die Datei mit dem „kindle-ss" im Namen herunter, derzeit heißt sie:

kindle-ss-0.25.N.zip

Öffnen Sie das Archiv und suchen Sie nach dem Beispiel von Schritt 1 die für Ihren Kindle passende Update-Datei heraus. Beim 3G-Kindle wäre das

update_ss_0.25.N_k3gb_install.bin

- beim WLAN-Kindle jedoch

update_ss_0.25.N_k3w_install.bin

Trennen Sie den USB-Anschluss und machen Sie über HOME -> MENU -> Settings -> MENU -> Update Your

Kindle ein Systemupdate. Fertig – testen Sie die erfolgreiche Umsetzung einfach, indem Sie die Einschalttaste kurz nach rechts schieben. Die Meldung dann ist eindeutig.

Sie können nun eigene Bildschirmschoner verwenden. Das sind 600x800-Graustufen-Bilder, die Sie im Kindle-Verzeichnis linkss/screensavers ablegen müssen. Wenn Sie neue Bilder auf den Kindle kopiert haben, müssen Sie das Gerät jedes Mal neu starten. Es sei denn, Sie legen eine leere Datei namens reboot im linkss-Verzeichnis ab – Kindle startet dann automatisch neu, sobald er neue Screensaver erkennt. Sie möchten die Schlaf-Fotos nicht der Reihe nach, sondern in zufälliger Folge sehen? Dann kopieren Sie eine ebenfalls leere Datei namens random in den linkss-Ordner. Eine hübsche Auswahl von über 3000 Bildschirmschonern finden Sie zum Beispiel hier:

http://s204.photobucket.com/albums/bb86/911jason/Kindle%20Screensavers/

Ein Wort der Warnung zum Abschluss: Amazon unterstützt diese Tricks nicht. Sollte Ihrem Kindle dabei etwas passieren, wird der Hersteller keine Garantie übernehmen. Nach aller Erfahrung war bisher aber zumindest immer ein Reset auf den Auslieferungszustand möglich.

Deutsches Vorlese-Modul (TTS) einrichten (K3)

Bei installiertem Jailbreak (siehe „Eigene Bildschirmschoner") ist es mit ein bisschen Geduld nun auch möglich, die englische Sprachausgabe durch eine deutsche zu ersetzen. Der komplette Vorgang ist hier beschrieben:

http://www.mobileread.com/forums/showthread.php?t=129250

Für Anfänger ist das Verfahren eher nicht geeignet, aber vielleicht findet sich ja ein netter Helfer...

Kindle spielt Schach (nur K3)

Etwas zur Entspannung – wie wäre es mit einer Partie Schach? Auch dieses Spiel beherrscht der Kindle inzwischen. Verfügbar ist es unter diesem Link:

http://code.google.com/p/k3chess/downloads/detail?name =K3Chess-0.1.6b-qtKindle.zip

Eine Anleitung als Kindle-Buch (.mobi) gibt es hier:

http://code.google.com/p/k3chess/downloads/detail?name =K3Chess%20User%20Guide%20%28en%29.mobi

Downloaden Sie das Programmpaket vom oberen Link und entpacken Sie die komplette Struktur in die oberste Verzeichnisebene Ihres Kindle. K3chess.ini kommt ins Launchpad-Verzeichnis. Teilen Sie Launchpad mit Shift – Shift – Space mit, dass es neue Hotkeys gibt – danach können Sie K3Chess schon starten, und zwar mit Shift – K – C.

Beim ersten Start fragt das Spiel, welche Tasten Sie für welchen Zweck verwenden wollen. Danach wird es ernst: Sie können eine neue Partie als Weiß, als Schwarz oder im Zweispielermodus starten. Die Bedienung können Sie im Begleitbuch des Spiels nachlesen – für Ungeduldige die Kurzfassung: Mit den Cursortasten fahren Sie über das Feld. Mit Ok wählen Sie eine Figur aus. Daraufhin wird ihr Bewegungsradius angezeigt. Setzen Sie den Cursor auf das Zielfeld, und drücken Sie erneut Ok, um den Zug auszuführen. K3Chess ist recht spielstark und zugleich sehr flexibel: Sie können sogar die Schach-Engine wechseln oder die Spielsteine austauschen. Aber all das ist im zugehörigen Kindle-Handbuch erklärt. Sie hätten gern, dass Ihr virtueller Schachpartner Deutsch mit Ihnen spricht? Dann hilft Ihnen diese Datei weiter:

http://www.mobileread.mobi/forums/attachment.php? attachmentid=78021&d=1319193790

Schieben Sie die darin enthaltene Datei de.ini in das locales-Verzeichnis des Schachprogramms auf dem Kindle. Beim nächsten Programmstart ist Deutsch dann als Parameter im Settings-Menü enthalten.

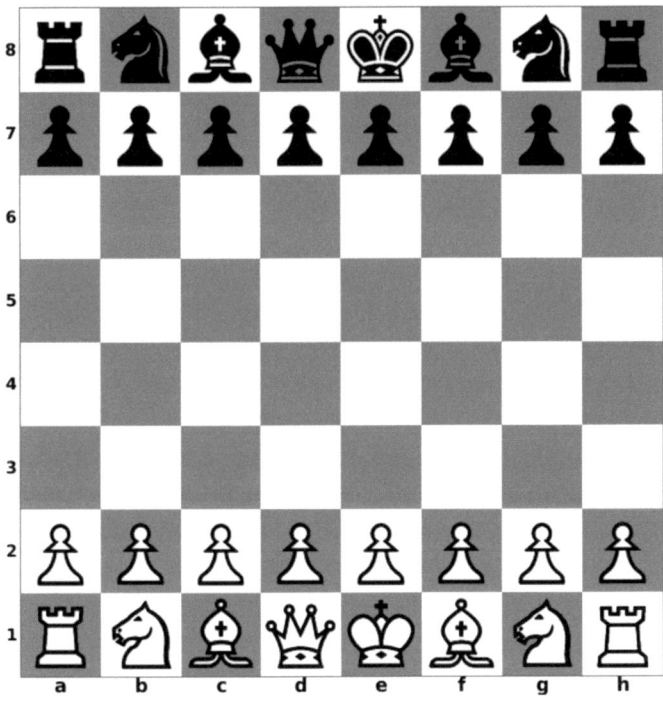

New game as White   New game as Black   Two player game

Alternatives Betriebssystem Duokan

Von chinesischen Entwicklern kommt Duokan – zu deutsch „lies mehr". Das Ziel ist also klar: Mit Duokan sollen Kindle neue Formate erschlossen werden. Duokan ist parallel zum gewohnten Kindle-System installierbar. Also ein perfekter Tipp? Eher nicht. Wenn Sie

http://www.duokan.com/

aufrufen, erkennen Sie das Problem: Die Software ist noch nicht wirklich internationalisiert. Es gibt zwar eine englischsprachige FAQ

http://www.mobileread.com/forums/showthread.php?t=10 5847

Doch die meisten deutschen Umlaute sucht man bei Duokan derzeit noch vergebens. Zwar zeigt die Software PDFs besser an und kann auch mit dem ePUB-Format umgehen. Aber auch damit haben kopiergeschützte ePUB-Bücher keine Chance. Und ungeschützte ePUB-Dateien kann man ja auch mit Calibre in ein brauchbares Format konvertieren.

Der Aufwand, Duokan zu installieren, steht deshalb noch in keinem Verhältnis zum Nutzen. Es sei denn, Sie lernen als Hobby Chinesisch – oder Sie sind eine neugierig-spielerische Natur und müssen alles Neue ausprobieren. In diesem Fall sei auch noch die Seite eines Hamburger Software-Entwicklers empfohlen:

http://flip.netzbeben.de/2010/11/duokan-available-with-english-gui-today/

Den Kindle neu starten

Solange die Tastatur noch reagiert, können Sie über HOME -> MENU -> Settings / Einstellungen -> MENU -> Restart / Neustart einen Neustart Ihres eReaders bewirken. Falls sich gar nichts mehr tut, sollte es helfen, die Einschalttaste für mindestens 15 Sekunden nach rechts zu schieben (K3) beziehungsweise zu drücken (K4). Die Taste nicht eher loslassen!

Passiert nun immer noch nichts, hat Ihr Kindle vielleicht nicht mehr genug Energie im Akku – schließen Sie ihn dann ein paar Minuten an die Steckdose an.

Persönliche Dokumentgebühr?

Neue Kindle-Nutzer verwirrt manchmal ein Begriff: die maximale Dokumentgebühr, die man auf der Kindle-Seite bei Amazon einstellen kann. Sie hat nichts damit zu tun, wie teuer Bücher sein dürfen – vielmehr geht es um Gebühren, die bei der Umwandlung von Dokumenten anfallen, die an die Adresse name@kindle.com geschickt und dann per 3G-Mobilfunk („Whispernet") direkt an Ihren Kindle ausgeliefert werden. Benutzen Sie stattdessen lieber die Adresse name@free.kindle.com – so fallen keine Kosten an. Dasselbe gilt, wenn Ihr Kindle nur ein WiFi-Modul (kein 3G) besitzt.

Wenn die Fortschrittsanzeige streikt

Wenn Sie ein Kindle-Buch nach dem erstmaligen Lesen erneut lesen wollen, funktioniert die Fortschrittsanzeige leider nicht mehr – sie bleibt auf der letzten Seite stehen. Abhilfe verschafft hier derzeit nur ein Anruf beim Amazon-Service.

Den Kindle putzen?

Dabei helfen zum Beispiel Brillenputztücher. Vermeiden Sie agressive Putzmittel.

Amazon.com nutzen

Wer seinen Kindle 3 oder 4 in Deutschland gekauft hat, kann recht problemlos auch im US-Amazon-Store einkaufen. Dazu muss man unter www.amazon.de/myk die "Ländereinstellungen" öffnen. Dort finden Sie die Option "Erwerben Sie Inhalte und verwalten Sie Ihr Kindle-Konto in einem internationalen Kindle-Shop". Klicken Sie unter dem US-Logo auf "Informationen zur Übertragung Ihres Kindle" und schließlich auf den großen orangen Button "Ihr Kindle-Konto auf Amazon.com übertragen".

Die Wirkung: Sie können nun US-Bücher für US-Dollar kaufen und auf Ihrem Kindle lesen. Das kann interessant sein, wenn Sie Lektüre in Originalsprache mögen. Auf Amazon.de abgeschlossenen Abonnements werden bei der Migration zu Amazon.com automatisch beendet, es entstehen keine weiteren Kosten für diese Abonnements. Bereits gezahlte Beträge werden zurückerstattet. Sie können jederzeit wieder zu Amazon.de wechseln. Es ist aber nicht möglich, in beiden Shops gleichzeitig Inhalte herunterzuladen.

Kindle mit deutscher Oberfläche

Nicht wenige Kunden wundern sich, dass auch der in Deutschland verkaufte Kindle Keyboard eine englischsprachige Oberfläche besitzt. Findige Bastler haben dazu bereits ein Gegenmittel gefunden. Zunächst müssen Sie den Kindle aber jailbreaken. Danach downloaden Sie die Datei

http://www.multiupload.com/HMDFXJSLD3

Entpacken Sie die ZIP-Datei. Ermitteln Sie mit der Tastenkombination Alt + Umschalt + . (Punkt) die ersten vier Stellen der Seriennummer Ihres Kindle. Beim aktuellen, internationalen Kindle mit 3G sollte das B00A sein, beim WLAN-Kindle B008. Wenn die Seriennummer mit B00A beginnt, kopieren Sie die Datei

update_loc_de_0.8.2M_k3gb_install.bin

via USB in das Hauptverzeichnis Ihres Kindle, für die Seriennummer B008 muss es die Datei

update_loc_de_0.8.2M_k3w_install.bin

sein. Nun entfernen Sie das USB-Kabel. Wenn die Tastatur wieder reagiert, wählen Sie auf dem HOME-Screen MENU -> Settings und drücken dort erneut MENU, um schließlich „Update Your Kindle" zu starten. Der Update-Prozess beginnt mit einer Sicherheitsabfrage, danach startet der Kindle neu. Ein deutsches Tutorial, das die Einrichtung der deutschsprachigen Oberfläche beschreibt, bietet Mexxbooks an:

http://www.mexxbooks.com/forum/?mingleforumaction= viewtopic&t=78

Hier kann man seinen Kindle auch mit vorinstallierter deutscher Software erwerben.

Kindle – die Apps

Die Kindle-Apps für die anderen Plattformen sind eine interessante Alternative für den Schreibtisch oder das Sofa. Amazon hat das so clever gelöst, dass man die Apps und den echten Kindle wunderbar parallel nutzen kann – es wird sogar der Lesefortschritt weitergegeben.

Im Vergleich zur Kindle-Hardware hat die Software-Lösung durchaus Vorteile: Sie bietet zum Beispiel eine höhere Auflösung und kann auch Farb-Bilder anzeigen. Die Seiten blättern schneller um, das Zoomen geht flotter – man könnte fast auf die Idee kommen, ganz auf den Kindle zu verzichten. Jedenfalls so lange, bis man mal im Bett auf dem iPad gelesen hat – durch das vergleichsweise hohe Gewicht braucht man unbedingt eine Ablage, sonst lahmt irgendwann die Hand. Immerhin kann man durch den selbst leuchtenden Bildschirm auf die Leselampe verzichten.

Kindle für PC

Die Kindle-Anwendung für den PC stellt Amazon unter diesem Link kostenlos bereit:

http://www.amazon.de/gp/kindle/pc

Sie braucht etwa 100 Megabyte auf der Festplatte. Von allen Apps ist sie wohl am flexibelsten – Textgröße und Seitenaufteilung sind sehr frei zu ändern. Im Fullscreen-Modus liest es sich besonders bequem – erst recht, wenn man dazu einen größeren Bildschirm benutzen darf. Die App zeigt auch Anmerkungen an, die andere User der Kindle-Community einem Buch hinzugefügt haben.

Kindle für Mac

Die Apple-Mac-Software sieht der PC-Variante sehr ähnlich. Sie ist von folgender Seite zu bekommen:

http://www.amazon.de/gp/kindle/mac/

Die Installation setzt MacOS X 10.5 voraus.

Kindle für iOS

Für iOS hat Amazon eine kostenlose Universal-App entwickelt, die auf iPhone, iPod touch und iPad läuft und im Appstore erhältlich ist. Auf dem Smartphone beziehungsweise dem iPod touch ist natürlich die relativ geringe Bildschirmdiagonale ein Problem, aber wenn der aktuelle Lesestoff so fesselt, dass man in jeder Lage weiterlesen will, dann ist das schon eine Option. Auf dem iPad sehen eBooks richtig gut aus – es ist eine Freude, rasant durch die Seiten zu blättern, und auch der Kontrast ist gut. Es ist bisher allerdings nicht möglich, Zeitungen, Zeitschriften oder Blogs an iPhone oder iPad zu senden.

Kindle für Android

Die Android-App, natürlich in Googles Appstore zu holen, sieht der iOS-Anwendung sehr ähnlich. Im Test funktionierte sie unter Android 2.x ebenso wie unter 3.0. Sie lässt sich leider nicht dazu bewegen, Text mehrspaltig anzuzeigen. Ihr Vorteil besteht darin, dass auch schon einige Zeitungen mit ihr lesbar sind – und zwar, anders als auf dem echten Kindle, mit Farbfotos.

Eigene Bücher veröffentlichen

Sie sind auf den Geschmack gekommen und wollen nun Ihr eigenes Buch bei Amazon einstellen? Die gute Nachricht: Das ist erstens sehr einfach und zweitens ganz und gar nicht riskant. Sie müssen dazu nur etwas Arbeit investieren, kein Geld, und sind schon auf dem Weg zum internationalen Bestseller-Autoren. Die schlechte Nachricht: Auch Kindle-Bücher müssen gut sein, um zum Bestseller zu werden. Jedenfalls gut genug, einer bestimmten Menge Lesern zu gefallen. Aber selbst wenn Sie sich darüber bei Ihrem eigenen Werk nicht sicher sein sollten: Probieren Sie es, es schadet ja nicht. Und es ist auf jeden Fall ein gutes Gefühl, Freunden und Verwandten einen Link zum eigenen Buch schicken zu können.

Die Erstellung eines eigenen Kindle-eBooks lässt sich im Prinzip in vier Phasen gliedern.

Das Buch schreiben

Wie lang diese Phase dauert, hängt von Ihrem eigenen Anspruch ab. Nutzen Sie ein vernünftiges Textprogramm mit Rechtschreibkorrektur – ich kann zum Beispiel OpenOffice empfehlen. Lassen Sie den Text von einem Freund gegenlesen – oft genug kassieren Bücher negative Bewertungen, nur weil die Rechtschreibung miserabel ist. Und vergessen Sie das regelmäßige Speichern nicht.

Formatieren Sie Ihr Werk in dieser Phase noch nicht, und sichern Sie zum Schluss eine Version im unformatierten Originalzustand. Wenn Sie tatsächlich gute Verkaufszahlen erzielen, könnten Sie ja auf die Idee kommen, Ihr Buch etwa für den Apple-Bookstore formatieren zu wollen, für den wieder andere Regeln gelten.

Ihr Buch formatieren und gestalten

In dieser Phase haben Sie die Wahl: Sie können weiter auf Ihr Textprogramm setzen oder aber einen HTML-Editor benutzen. Kindle-Bücher bestehen nämlich im Prinzip aus HTML und CSS mit ein paar Besonderheiten. Wenn Sie Erfahrung mit HTML-Programmierung haben, werden Sie wohl eher dieses Werkzeug wählen. Dazu müssen Sie noch wissen, dass der Spezial-Tag <mbp:pagebreak /> einen Seitenumbruch einfügt. Der Absatz-Tag <p> lässt den Kindle automatisch einen neuen Absatz einfügen und die erste Zeile einrücken. Bilder fügen Sie mit dem <img>-Tag ein, sie dürfen maximal 127 Kilobyte groß sein.

Ebenso gut funktioniert das Ganze aber mit OpenOffice & Co. Erinnern Sie sich an die Eigenschaften Ihres Kindle, vor allem an seine geringe Auflösung, die veränderbare Schriftgröße und die Graustufendarstellung von Bildern. Stellen Sie deshalb in Ihrem Textprogramm die Seitengröße auf A5 um. Achten Sie beim Einfügen von Bildern und Grafiken darauf, dass Auflösung und Farbtiefe entsprechend reduziert sind.

Bei der finalen Bearbeitung hilft Ihnen das kostenlose Programm Mobipocket Creator, das Sie unter http://www.mobipocket.com downloaden können. Die Software kann auch andere Dokument-Arten, etwa PDFs, importieren. Sie hilft auch dabei, dem Buch Metadaten beizufügen, ein Titelbild zu definieren und so weiter. Über den „Build"-Button stellt Ihnen der Creator schließlich das Datenpaket zusammen, das Sie bei Amazon hochladen müssen. Achtung: Mit Internet Explorer 9 funktioniert der Creator nicht – deinstallieren Sie diesen deshalb lieber.

Ihr Buch bei Amazon einstellen

Um ein eigenes Buch bei Amazon einzustellen, müssen Sie sich zunächst beim „Kindle Direct Publishing" anmelden, und zwar unter kdp.amazon.de. Der Prozess ist kostenlos und schnell durchlaufen. Sie landen dann in Ihrem „Bücherregal", wo Sie auf „Einen neuen Titel hinzufügen" klicken. Nun sind ein paar Angaben zum Buch gefragt.

Titel und Beschreibung sollten möglichst aussagekräftig sein, damit Ihr Buch auch gefunden wird. Bemühen Sie sich um exzellenten Ausdruck und vermeiden Sie Rechtschreibfehler: Die Beschreibung ist die Visitenkarte Ihres Werks. Im Feld „Mitwirkende" geben Sie den Namen des Autors an – das muss nicht der Ihre sein, Sie können also auch unter Pseudonym arbeiten.

Die meisten anderen Angaben sind selbsterklärend. Achten Sie auf die Wahl der passenden Kategorien! Das Buch-Titelbild spielt neben Titel und Beschreibung eine weitere Hauptrolle: Es sollte wirklich professionell aussehen. Das Bild (Jpeg oder Tiff) muss mindestens 500 Pixel breit sein bei einer maximalen Höhe von 1280 Pixeln. Die Vorschau auf der Buchseite bei Amazon ist allerdings nur 256 x 256 Pixel groß – Titel und Bild sollten auch in dieser Verkleinerung noch ansprechend aussehen. Prüfen Sie das vorab am besten in einer Bildverarbeitung. Ob Sie für Ihr Buch ein DRM aktivieren, ist eine Gewissensentscheidung: Das DRM erschwert die unberechtigte Weitergabe, macht aber auch den Umgang mit dem Buch komplizierter.

Schließlich fehlt nur noch das Buch selbst, das Sie Amazon über den Knopf „Buch hochladen" anvertrauen. Suchen Sie dabei nach der vom MobiPocket Creator erzeugten .prc-Datei. Je nach Dateigröße kann das Hochladen einen Moment dauern.

Hat alles geklappt, folgt der zweite Schritt, bei dem sich alles um Recht und Geld dreht. Doch keine Angst, die Einstellungen sind unkompliziert. Amazon fragt, wo Ihr Buch verkauft werden soll – hier ist „weltweit" zu empfehlen. Schließlich gibt es gerade in Übersee den ein oder anderen Deutschen, der auf der Suche nach Lesematerial in seiner Heimatsprache ist.

Bei der Höhe der Tantieme haben Sie die Wahl zwischen 35 und 70 Prozent. Den höheren Betrag können Sie allerdings nur erhalten, wenn Ihr Buch mindestens 2,60 Euro und höchstens 8,69 Euro kostet. Auf alle Euro-Preise, die Sie hier festlegen, rechnet Amazon noch 15 Prozent Mehrwertsteuer (das Unternehmen sitzt in Luxemburg, nicht in Deutschland). Um auf den hier einzutragenden Listenpreis zu kommen, teilen Sie den angestrebten Verkaufspreis durch 115 und multiplizieren mit 100. Soll Ihr Buch also 3,99 Euro kosten, tragen Sie 3,47 Euro ein, bei 0,99 Euro sind 0,86 Euro einzutragen. Kindle-Bücher können übrigens nicht weniger als 99 US-Cent und nicht mehr als 200 US-Dollar (Listenpreis) kosten. Bei der 70-Prozent-Option rechnet Amazon auch noch Lieferkosten für den Datentransfer ab, die pro Exemplar im Mittel bei 6 US-Cent liegen und von der Dateigröße abhängen.

Das Buch und Ihre Angaben werden dann von Amazon geprüft. Das dauert im Normalfall etwa zwei bis drei Tage. In Ihrem Bücherregal sehen Sie danach, dass Ihr erstes Werk nun „live" ist. Wenn doch etwas schief geht oder Sie noch etwas korrigieren wollen – keine Sorge, Sie können alle Angaben (bis auf die DRM-Option) jederzeit ändern und das Buch auch komplett neu hochladen.

Ihr Buch bewerben

Wenn Ihr Buch erstmals live bei Amazon erscheint, ist das schön für Sie als Autor – gekauft wird es trotzdem nicht. Denn niemand merkt, dass es da ist. Amazon führt zwar eine Liste der Neuerscheinungen, doch welche Bücher dort aufgenommen werden, verrät die Firma nicht. Viele unabhängige Autoren sind dort nicht zu finden. Ihr erstes Ziel muss deshalb darin bestehen, die Hitliste der meistverkauften Bücher zu erreichen. Idealerweise die allgemeine Top100, doch es hilft auch schon, zumindest in den beiden Rubriken-Listen vorn zu sein, in die Sie Ihr Buch eingeordnet haben (Erotik-Bücher hält Amazon übrigens aus den allgemeinen Top100 heraus).

Dazu benötigen Sie zunächst nur wenige Downloads – es spricht ja nichts dagegen, das zu tun, was auch jeder Print-Autor so hält: Verwandte und Freunde auf das eigene Werk hinzuweisen. Mit zehn Downloads, so die Erfahrung des Autors, gehört man meist schon zur Spitzengruppe in einer Rubrik und taucht auch in den allgemeinen Top100 auf (etwa Platz 75-100). Aber übertreiben Sie es mit der Werbung nicht: Diskussionsforen vollzuspammen, hat meist den gegenteiligen Effekt. Bringen Sie Ihr Buch dort an, wo es passt – das gilt auch für Twitter und Facebook.

Was Sie sonst noch für eine Steigerung Ihrer Verkaufszahlen tun können, erfahren Sie am besten, wenn Sie die Foren in der KDP-Community besuchen. Hier geben sich Autoren auch gegenseitig entsprechende Tipps. Empfehlenswert ist zum Beispiel eine Website zum Buch, die vielleicht auch eine Leseprobe anbietet. Jede Erwähnung ist hilfreich – so kommt Ihr Werk auch in der Google-Suche nach oben. Dazu dieses persönliche Angebot: Wenn Sie sich via kindle@matting.de als Leser dieses Buchs zu erkennen geben, verlinke ich Ihren Erstling gern auf der Website dieses

Buchs. Ein letzter Tipp – Amazon ist nicht der einzige eBook-Händler. Insbesondere Apples Buchladen ist eine interessante Ergänzung – die genaue Beschreibung sprengt aber den Rahmen dieses Kindle-eBooks. Wenn Sie Interesse an einer Anleitung haben, mailen Sie mir doch gern.

Ihr Buch managen

Sie haben die Geschichte Ihres Lebens ausgeschrieben. Spannende Wendungen, faszinierende Charaktere und witzige Dialoge. Sie haben alle Tippfehler ausgemerzt und haben Ihr E-Book so formatiert, dass der Leser es optimal auf seinen Kindle-Bildschirm bekommt. Sie haben Ihr Werk bei Amazon hochgeladen, Preis und Tantieme festgesetzt. Sie haben sogar, wie eben beschrieben, etwas Werbung betrieben. Schließlich hat sich „Wird überprüft" in „Live" verwandelt – ist Ihr Job als Autor damit beendet? Im Gegenteil – jetzt beginnt der schwierigste Teil, denn Sie müssen nun die Aufgaben stemmen, die Ihnen sonst ein Verlag abnimmt (oder abnehmen sollte, gespart wird ja überall). Dabei gibt es einige Fallstricke, die Sie Leser und im ungünstigsten Fall auch viel Geld kosten können.

Ein wichtiger Weg, Ihr Buch zu finden, führt den Leser über die Suchfunktion. Das heißt, Sie müssen die Amazon-Algorithmen füttern. Zum einen mit aussagekräftiger Beschreibung und optimalem Buchtitel, zum anderen mit Tags. Das sind Schlüsselworte, die jeder Leser (also auch Sie) Ihrem Buch hinzufügen kann. Achtung, Amazon Deutschland nutzt die während des Publizierens eingegebenen Keywords NICHT. Umso wichtiger sind die vom Leser vergebenen Tags. Dabei kommt es darauf an, dass die Tags von möglichst vielen anderen Lesern per Mausklick bestätigt werden. In den US-Support-Foren finden sich schon die Autoren zusammen, um sich die Tags gegenseitig zu bestätigen (was Amazon nicht gern sieht).

Wenn der Leser Ihr Buch gefunden hat, ist er gerade bei einem Erstautor und Preisen über einem Euro verständlicherweise vorsichtig. Er möchte Informationen über Sie und Ihr Buch. Sie haben hoffentlich schon eine Autorenseite angelegt (authorcentral.amazon.de), mit Bild und Lebenslauf. Mehr als Ihrer eigenen Werbung glaubt der Leser jedoch Rezensionen anderer Leser. Geben Sie nicht der Versuchung nach, Ihr Buch selbst zu besprechen. Vermutlich merkt das niemand, aber wenn es doch auffällt, ist es um so peinlicher für Sie. Fragen Sie Bekannte nach ihrer ehrlichen Meinung. Versuchen Sie nicht, reine Jubel-Kritiken zu sammeln – das fällt spätestens dann auf, wenn die ersten „richtigen" Leser von Ihrem Buch enttäuscht sind. Und enttäuschte Leser sind die schwierigsten Kritiker! Ein paar Ein-Stern-Bewertungen ziehen Ihren Schnitt dauerhaft nach unten. Aber da Sie alle E-Buch-Tipps berücksichtigt haben, werden Sie sich zumindest miese Formatierung und Rechtschreibung nicht vorwerfen lassen müssen.

Kommt es doch einmal zu einer harschen Kritik, reagieren Sie nicht eingeschnappt. Kommentieren Sie die Besprechung, machen Sie auf eventuelle Irrtümer aufmerksam, äußern Sie Verständnis und korrigieren Sie eventuelle Fehler (das geht über KDP ja fix). Ideal, wenn Sie die Korrektur gleich in Ihrer Reaktion vermelden können. Selbst wenn Ihnen offensichtlich ein Konkurrent einen Minuspunkt verpassen wollte (solche unfeinen Methoden gibt es leider), bleiben Sie gelassen und ruhig, dann erscheinen Sie als moralischer Sieger. Lassen Sie sich auch nicht zu einer ebenso unfeinen „Gegen-Rezension" des Konkurrenz-Werks hinreißen.

Wenn Ihr Buch trotz all der Tipps nicht wie erwartet laufen sollte, können Sie auch über eine Preissenkung nachdenken. Aber Achtung: Bei Preisen unter 2,99 Euro verdienen Sie nur noch 35 Prozent des Nettoerlöses. Sie müssen also fünfmal mehr verkaufen, um diese Preissenkung aufzufangen. Ist das realistisch? Die Kurve der Verkaufszahlen verläuft zwischen 100 und 25 annähernd linear. Erst auf den vorderen Plätzen bringt ein Sprung in der Hitliste, den Ihre Preissenkung sicher bewirkt, überproportional bessere Verkaufszahlen.

Ihr Buch und die Buchpreisbindung

Eine weitere Falle ist die in Deutschland geltende Buch-Preisbindung: Eigentlich dürfen Verlage (und dazu zählen auch Self-Publisher) den einmal festgesetzten Preis erst nach 18 Monaten senken, das Gesetzt spricht hier von „Verramschen". Das BuchPrG gilt ebenso für E-Books. Der Justiziar des Börsenvereins des deutschen Buchhandels gab uns diesbezüglich zwar Entwarnung – es sei rechtlich zulässig, den Preis eines Buchs zu heben oder zu senken, wenn die Marktverhältnisse das erfordern. Auch der Börsenverein hält im übrigen das „Jonglieren" mit dem Preis für unzulässig – also häufige Preisänderungen.

In der Welt des Rechts geht es bekanntlich zu wie auf hoher See – andere Juristen sind hier anderer Meinung. Ich wäre deshalb zumindest vorsichtig. Wichtig ist aber, und das betont auch der Börsenverein, dass das Buch zu jeder Zeit bei allen Anbietern gleich viel kosten muss. Ein Preis bei Amazon, ein anderer in Apples Buchladen, das wäre definitiv unzulässig.

Die neuen Kindles im Test

Auch wenn sie in Deutschland noch nicht zu haben sind, interessiert es doch viele Kindle-Fans: Wie schlagen sich die beiden Neulinge, Kindle Touch und Kindle Fire, in der Praxis? Ich habe mir die Geräte in den USA bestellt, hier, was ich daran beobachtet habe.

Kindle Touch im Test

Wenn es um elektronische Lesegeräte mit Gestensteuerung geht, gehörte Amazon bisher nicht zu den Vorreitern: Nach einem Modell mit kompletter Tastatur (Kindle 3) und einem mit einigen wenigen Tasten (Kindle 4) kommt erst jetzt (und erst einmal auch nur in den USA) der Kindle Touch, der als einziges Eingabemedium den Finger kennt. Tasten besitzt er allerdings immer noch: den Ein/Ausschalter an der Unterseite und einen großen, geriffelten Home-Knopf direkt unter dem Display. Dieser Knopf bringt den Anwender immer wieder auf die Startseite seines Geräts zurück.

Für alles andere ist nun aber der Finger zuständig. Dabei darf man je nach Vorliebe tippen oder wischen: Gewischt wird nach rechts (vor), links (zurück), unten (Kapitel vor), oben (Kapitel zurück). All das ist gut mit einem Finger zu leisten, perfekt also für die Bettlektüre. Beim Tippen ist der größte Teil des Bildschirms für das Vorwärtsblättern reserviert. Ein Tipp auf einen Streifen am linken Rand blättert zurück, ein Tipp am oberen Rand ruft das Menü auf. Bücher liest man ebenfalls, indem man auf ihren Listeneintrag tippt. Im Buch reicht dann ein Tipp auf ein Wort, um dessen Eintrag im Wörterbuch nachzuschlagen oder eine Anmerkung oder Notiz anzulegen.

Auch das Eingeben von Wörtern ist deutlich komfortabler als beim Kindle ohne Tastatur – das braucht man ja zum Beispiel für die Suchfunktion. So weit, so bequem. Doch der Anwender muss auch mit ein paar Einschränkungen leben. Dass die Oberfläche sich nicht von Englisch auf Deutsch umschalten lässt, ist bei einem nur in den USA verkauften Gerät ja noch nachvollziehbar (trotzdem seltsam, dass man nicht gleich an die Übersetzung gedacht hat). Auch, dass man über amazon.de nicht auf dem Kindle Touch selbst einkaufen kann, ist klar – ein US-Käufer kann das sowieso nicht.

Der Kindle Touch hat aber auch manches verlernt, was der Kindle 4 noch konnte. Man kann ihn zum Beispiel nicht im Quer-Modus betreiben. Das ist bei eBooks selten sinnvoll, bei PDFs aber schon. Dann kann er auch keine Bilder anzeigen wie seine Brüder – diese muss man zunächst durch Amazons Konvertier-Service laufen lassen. Das UMTS-Modell kann via Mobilfunk nicht ins WWW, das konnte der Kindle Keyboard 3G zumindest noch in 60 Ländern weltweit (in Deutschland nicht). Immerhin ist anders als bem Kindle 4 das Abspielen von MP3 und Hörbüchern möglich, außerdem auch das Vorlesen von Büchern (englisch – und wenn´s der Verlag erlaubt). Und es gibt ganz ne das X-Ray-Feature, das auf neuartige Weise Details zu einem Buch verrät. Wenn das eBook darauf vorbereitet wurde – was bisher nur bei wenigen Büchern der Fall ist.

Fazit: Zu früh für das Fazit

Der Kindle Touch ist weder der leichteste noch der kleinste Touch-E-Reader, er profitiert vor allem vom komfortablen Umgang im Amazon-Ökosystem. Man muss vielleicht auch gar nicht so enttäuscht sein, dass er hierzulande noch nicht angeboten wird: Bis er bereit für den weltweiten Start ist, hat Amazon dann den ein oder anderen Mangel schon behoben.

Kindle Fire im Test

Halb so teuer wie das iPad 2 und randvoll mit Büchern, Zeitschriften, Musik und Filmen: So hat sich Amazon-Chef Jeff Bezos das Rezept ausgemalt, mit dem er Apples Dominanz auf dem Tablet-Markt zumindest ankratzen könnte. Tatsächlich schien der Kindle Fire vielversprechend – und entsprechend hoch waren die Erwartungen. Auch die der FOCUS-Tester: Die Redaktion ließ sich das Tablet ins New Yorker Büro schicken. Denn in Deutschland werden das Gerät und vor allem auch die Inhalte, die es ausmachen, auf absehbare Zeit nicht verfügbar sein.

Beim Auspacken des Kindle Fire wird der Eindruck zunächst bestätigt, dass Amazon in Richtung Apple zielt. Hat man allerdings das Gerät herausgenommen, stößt man darunter auf das Netzteil. Und das ist hässlich, hässlich, hässlich. Hätte doch Amazon lieber, wie das bei den Kindle-E-Readern Standard ist, gar nicht erst eins beigelegt, dann hätten die Tester einfach ohne schlechtes Gewissen ihr i-Netzteil verwenden können und die Firma für das absichtliche Vermeiden von Elektroschrott gelobt.

Gut: Schaltet man das Kindle Fire zum ersten Mal an, begrüßt er seinen neuen Besitzer gleich mit seinem Namen. Die anderswo fällige Einrichtungsprozedur fällt weg. Das Tablet selbst wirkt schwerer, als es ist. Und es ist kleiner, als man beim Vergleich seiner 7-Zoll-Diagonale mit den 9,7 Zoll des Apple iPad annehmen könnte. Sein 16:9-Format mit 1024 x 600 Punkten (das Display spiegelt übrigens stark und giert geradezu nach Fingerabdrücken) hat nämlich den Nachteil, dass beim Lesen von Magazinen unten und oben ungenutzter Rand bleibt. Zusammen mit der sowieso schon niedrigeren Auflösung will einfach nicht der rechte Lesespaß aufkommen. Klar, man kann sich in Artikel hineinzoomen. Doch das ist Arbeit und unterbricht den Lesefluss – und außerdem hat man das Gefühl, dass der Prozessor dabei bis an die Grenzen seiner Rechenkraft gefordert wird.

Das ist besonders verwunderlich, weil der Rechenknecht beim Abspielen auch hochaufgelöster Videos keine solchen Schwächen zeigt. Der Videomodus ist die eigentliche Stärke des Kindle Fire. Eine große Auswahl an Filmen ist verfügbar, im Prime-Programm sind viele sogar kostenlos enthalten. Man muss nur darauf achten, vor dem Betreten von WLAN-freien Gebieten den Speicher mit Filmen zu füllen. Denn gekaufte Streifen kann man zwar unbegrenzt in der Amazon Cloud aufbewahren, doch um auf diese zuzugreifen, ist Netzwerkzugang nötig. Der im Fire eingebaute Speicher ist für die Anwendung als Multimediagerät hingegen etwas knapp bemessen.

Denn die Filme müssen sich den knappen Platz ja auch noch mit Büchern, Fotos (wobei das Tablet keine Kamera besitzt), Musik und Dokumenten teilen (hier bindet Amazon den Persönlichen-Dokument-Service ein, den Kindle-Nutzer schon kennen). Zugriff auf den Google-Appstore gibt es trotz Verwendung von Android 2.3 nicht, aber das stört auch nicht, weil Amazon seinen App-Laden vielleicht etwas übersichtlicher und strenger sortiert. Das wird man aber erst noch sehen.

Besonders stolz war Amazon-Chef Jeff Bezos bei der Vorstellung des Fire ja auf den innovativen Web-Browser Silk, der sich der Amazon-Cloud bedient, um das Surfen zu beschleunigen. Davon ist im Test gar nichts zu spüren – im Gegenteil: Im Vergleich zu einem im selben WLAN eingeloggten iPad (altes Modell!) brachte der Fire-Browser Websites quälend langsam auf den Bildschirm. Hat Amazon die Technik noch nicht im Griff? Wir wissen es nicht. Dass der Kindle Fire trotz seines günstigen Preises keine Kaufempfehlung ist, dürfte klar sein. Insofern haben deutsche Kunden ausnahmsweise Glück: Wenn ein Nachfolger des

Tablets irgendwann nach Europa kommt, hat Amazon die gröbsten Probleme vielleicht schon ausgebügelt.

Fazit: Lieber abwarten

Davon abgesehen, dass Amazon die Lieferung von Filmen, Musik usw. an deutsche Internetadressen vermutlich (ähnlich wie bei US-Büchern) blockiert, ist das Kindle Fire deutschen Kunden auch wegen seiner Schwächen nicht zu empfehlen. Ein Zehn-Zoll-Fire mit beschleunigtem System klingt da schon besser. Und der soll ja laut Gerüchten bei Amazon schon in Arbeit sein.

Anhang 1: Kaufberatung

Für den Fall, dass Sie dieses Buch vielleicht doch noch nicht mit dem Kindle in der Hand lesen, sondern bisher nur eine der Apps dazu benutzen – seien Sie sich dessen bewusst, dass das nicht der Weisheit letzter Schluss sein kann. Haben Sie erst einmal den Nutzen der langen Akkulaufzeit eines echten Kindle erkannt, werden Sie nicht mehr zu Smartphone, Tablet oder PC zurückkehren wollen. Doch welches Kindle-Modell sollten Sie kaufen? Reicht vielleicht auch eine ältere Variante, günstig bei Ebay erstanden?

Zunächst einmal: Lassen Sie sich keinen Kindle der allerersten Generation andrehen – es sei denn, sie bekommen ihn geschenkt. Er besitzt zwar einen Speicherkartenslot, funkt aber nur im amerikanischen Mobilfunknetz. Deshalb ist er nur über USB mit neuem Lesestoff zu versorgen.

Beim Kindle 2 sollten Sie sich vergewissern, dass Sie die internationale Version erhalten. Nur damit können Sie weltweit Bücher per Mobilfunknetz downloaden. Für die US-Version gilt dieselbe Einschränkung wie beim Ur-Kindle: USB only. Immerhin verfügt Kindle 2 schon über eine Sprachausgabe und kann nach einem Systemupdate PDFs direkt lesen.

Der Kindle DX ist leider etwas teuer und deshalb wohl nur für echte Leseratten geeignet, denen das große Display sehr wichtig ist. Wenn Sie zufällig die internationale Variante zu einem günstigen Preis bekommen, sollten Sie sich das Schnäppchen nicht entgehen lassen.

Mit Kindle 3 können Sie nichts falsch machen – Sie müssen sich jedoch überlegen, ob Sie die reine WLAN-Variante wählen oder das Komplettpaket. Aus eigener Lese-Erfahrung kann ich sagen: Verzichten Sie eher nicht auf die UMTS-Anbindung, die unterwegs nicht zu ersetzen ist. Nur wer garantiert immer auf dem Balkon bleibt, für den ist WLAN eine Alternative (das auch im UMTS-Modell eingebaut ist).

Beim Kindle 4 sollte die Überlegung im Vordergrund stehen, ob Sie oft Text eingeben müssen. Sie kennen ja Ihr Leseverhalten. Schlagen Sie oft Fakten nach, surfen Sie mit dem Kindle im Web? Dann ist eine Tastatur schon praktisch. Anderenfalls können Sie aber darauf verzichten, zumal Amazon den Kindle 4 im Vergleich zum Kindle 3 deutlich beschleunigt hat.

Wer mit Tasten nichts am Hut hat, für den ist der Kindle Touch geeignet. Die Texteingabe ist komfortabler als beim K4, auch Musik und Hörbücher kann der E-Reader wieder abspielen. Dafür ist die Oberfläche englisch, und das Gerät kann nicht direkt auf den Shop von Amazon.de zugreifen.

Anhang 2: Kindle-Geschichte

Der Kindle war nicht das erste Gerät seiner Art: Noch bevor im November 2007 das erste Modell vorgestellt wurde, hatte sich unter anderem Sony mit seinem Reader vorgewagt. Mit Amazon versuchte allerdings erstmals ein großer Buchhändler, den Markt zu verändern.

Kindle setzte wie seine frühen Konkurrenten auf ein E-Ink-Display mit damals vier Graustufen. Dessen größter Vorteil: Die im Vergleich zum TFT extrem lange Akkulaufzeit. Neu war zudem die Einbindung des Whispernet: Ohne Zusatzkosten konnte man neuen Lesestoff beim Händler ordern und sich direkt auf den E-Reader liefern lassen. Dieser Komfort ist auch von der inzwischen umfangreichen Konkurrenz bisher nicht übertroffen worden.

Im Februar 2009 wurde die erste Generation des Kindle vom Kindle 2 abgelöst. Das neue Modell besaß einen etwa zwanzig Prozent schnelleren Bildschirm, war nur noch halb so dick und lief abseits der Steckdose deutlich länger. Amazon verzichtete allerdings auf den SD-Speicherkartensteckplatz. Kindle 2 wurde bald von einer internationalen Version ergänzt, die auf das GSM-Netz setzt und in über 100 Ländern verwendbar ist. Seit einem Betriebssystem-Update kann Kindle 2 wie all seine Nachfolger auch direkt PDFs lesen.

Mitte 2009 ergänze Amazon das Kindle-Angebot durch den Kindle DX, eine größere Variante mit 9,7-Zoll-Bildschirm und 1200 x 824 Bildpunkten. Der Speicher wurde auf vier Gigabyte aufgerüstet. Auch den DX gibt es seit einiger Zeit als internationale Version.

Schließlich folgte im Sommer 2010 der Kindle 3. Den gibt es erstmals auch in einer Variante, die nur per WLAN ins Netz geht. Sein Display ist nach wie vor sechs Zoll groß und zeigt 16 Graustufen, jedoch soll der Kontrast deutlich höher sein. Kindle 3, der vier Gigabyte Speicherplatz besitzt, wird weltweit angeboten.

Am 28. September war es so weit: Mit Kindle Fire, einem 200-Dollar-Tablet, griff Amazon-Chef Jeff Bezos offensiv Apples iPad an. Als Dreingabe präsentierte der Onlinehändler gleich drei neue Modelle des Kindle-eReaders.

Fire – der passende Name für das Multimedia-Tablet, das Bezos als Chef und Gründer der Firma Amazon in New York zeigte. Mit 7 Zoll Diagonale ist das optisch an das bisher nicht zum Renner gewordene Blackberry Playbook erinnernde Gerät zwar deutlich kleiner als die Konkurrenz aus Cupertino. Mit 1024x600 Bildpunkten ist Kindle Fire aber für jeden Zweck geeignet – vom Webbrowsen bis zum Lesen, Fotos und Videos ansehen und Musik hören. Sein Doppelkern-Prozessor sollte genug Leistungsreserven auch für gewieftere Apps mitbringen.

Dass Amazon das Gerät für unter 200 Dollar anbieten kann (das iPad 2 kostet das Zweieinhalbfache), liegt am Konzept: Die Programmierer haben über die bekannte Android-Oberfläche ein eigenes Amazon-System gestülpt, das den Nutzer überall dort hinleitet, wo die Firma zusätzlich Geld verdienen kann: In den Appstore, betrieben von Amazon. Zu Amazon MP3, wo es Musik-Downloads gibt. Zu Videos und TV-Shows, die Amazon anbietet. Und in den Kindle-eBookstore, den der mit Büchern gestartete Onlinehändler inwischen auf über eine Million Titel ausgebaut hat. Dafür wird der Fire-Besitzer wohl mit einigen Einschränkungen leben müssen – es dürfte nicht trivial sein, anderswo digital shoppen zu gehen. Und: Fire besitzt keine Kamera.

Doch Bezos weiß, dass das Tablet nicht die Zukunft des Lesens ist: Im Park, am Strand, im Urlaub sind LCD-

Schirme nicht nutzbar. Deshalb geht es auch bei den auf das Lesen spezialisierten Geräten voran, die mit eInk-Technik arbeiten. Gleich drei neue Modelle sollen den Markt aufmischen: Eine werbefinanzierte Billig-Variante für 79 Dollar (inklusive WiFi) und zwei Touchscreen-Modelle für 99 Dollar (mit WiFi) respektive 149 Dollar (WiFi + 3G). Der Verzicht auf die Tastatur bringt deutliche Einsparungen bei Größe und Gewicht, aber womöglich auch etwas weniger Komfort – das werden Tests zeigen müssen.

Das erste Gerät des Trios heißt schlicht „Kindle". Es ist das erste (und bis dato einzige) elektronische Lesegerät, das Amazon mit mehrsprachiger Oberfläche (auch deutsch) anbietet. Die Preise für die bisherigen Kindles, die nun „Kindle Keyboard" heißen, hat Amazon gesenkt.

Damit haben Käufer nun die Wahl zwischen:

Kindle. WiFi, Tasten zum Blättern, 800-MHz-Prozessor, 2 GB Speicher, 170 Gramm, weder Touchscreen noch Tastatur, deutsche Oberfläche.

Kindle Keyboard. WiFi, Tastatur, 533-MHz-Prozessor, 4 GB Speicher, 241 Gramm, englische Oberfläche (in Deutschland nicht mehr erhältlich)

Kindle Keyboard 3G. WiFi + 3G, Tastatur, 533-MHz-Prozessor, 4 GB Speicher, 247 Gramm, englische Oberfläche

Kindle Touch. WiFi, Touchscreen, 800-MHz-Prozessor, 4 GB Speicher, englische Oberfläche (in Deutschland noch nicht offiziell erhältlich)

Kindle Touch 3G. WiFi + 3G, Touchscreen, 800-MHz-Prozessor, 4 GB Speicher, englische Oberfläche (in Deutschland noch nicht offiziell erhältlich)

Kindle Fire, 7-Zoll-Tablet, 1024 x 600, Dualcore-Prozessor 1 GHz, Android (in Deutschland noch nicht offiziell erhältlich)

Alle E-Ink-Modelle besitzen nach wie vor einen Sechs-Zoll-E-Ink-Bildschirm mit 600 x 800 Punkten und 16 Graustufen.

Wann das Kindle-Tablet, das Fire, in Deutschland erscheint, ist derzeit nicht klar. Amazon-Deutschland-Chef Ralf Kleber sprach mir gegenüber von "bis auf weiteres nicht". Auch zu den beiden Touch-Kindles macht Amazon Deutschland derzeit noch keine Angaben.

Anhang 3: Technische Daten

Kindle 1

Bildschirm: 6 Zoll, 4 Graustufen, 600 x 800
Speicher: 2 Gigabyte + SD-Karte
Maße: 191 x 135 x 18 Millimeter
Gewicht: 292 Gramm
Funk: CDMA

Kindle 2

Bildschirm: 6 Zoll, 16 Graustufen, 600 x 800
Speicher: 2 Gigabyte
Maße: 203 x 135 x 9 Millimeter
Gewicht: 289 Gramm
Funk: CDMA / UMTS

Kindle DX

Bildschirm: 9,7 Zoll, 16 Graustufen, 824 x 1200
Speicher: 4 Gigabyte
Maße: 264 x 180 x 10 Millimeter
Gewicht: 536 Gramm
Funk: CDMA / UMTS
Preis: 379 Dollar (via Amazon.com)

Kindle Keyboard (Kindle 3)

Bildschirm: 6 Zoll, 16 Graustufen, 600 x 800
Speicher: 4 Gigabyte
Maße: 191 x 122 x 9 Millimeter
Gewicht: 241 Gramm (WLAN), 247 Gramm (3G)
Funk: CDMA / UMTS / WLAN
Preis: 159 Euro (3G) / 119 Euro (WLAN)

Kindle (Kindle 4)

Bildschirm: 6 Zoll, 16 Graustufen, 600 x 800
Speicher: 2 Gigabyte
Maße: 166 x 114 x 9 Millimeter
Gewicht: 170 Gramm
Funk: WLAN
Preis: 99 Euro

Kindle Touch

Bildschirm: 6 Zoll, 16 Graustufen, 600 x 800, Touch
Speicher: 4 Gigabyte
Maße: 172 x 120 x 10 Millimeter
Gewicht: 213 Gramm (WLAN), 220 Gramm (3G)
Funk: UMTS / WLAN
Preis: 189 Dollar (3G) / 139 Dollar (WLAN)

Kindle Fire

Bildschirm: 7 Zoll, Farbe, 1024 x 600
Speicher: 8 Gigabyte
Maße: 190 x 120 x 11 Millimeter
Gewicht: 413 Gramm
Funk: WLAN
Preis: 199 Dollar (nur USA)

Anhang 4: Kurzbefehle des Kindle 3

Allgemeine Kurzbefehle

ALT + G	Bildschirm neu aufbauen
ALT + Q...P	Ziffern eingeben
MENU-Taste drücken	Uhrzeit in Titelleiste
ALT + Umschalt + .	Seriennummer/Barcode
ALT + Umschalt + G (oder H)	Screenshot anfertigen

Kurzbefehle im Home-Screen

ALT + Z	Aktualisieren der Dateiliste
ALT + Q...P + Entertaste	Direkt zu einer Seite der Dateiliste springen

Kurzbefehle beim Lesen

ALT + B	Lesezeichen hinzufügen

Kurzbefehle beim Abspielen von MP3

ALT + F	Wiedergabe starten / stoppen
ALT + Leertaste	Nächster Track

Kurzbefehle im Bildbetrachter

q	einzoomen
w	auszoomen
e	Zoom-Reset
r	Bild drehen
f	Vollbild-Modus ein / aus
c	Normalansicht (100%)

Kurzbefehle beim Suchen

ALT + DEL	Löscht den Inhalt des Suchfeldes
@help	Zeigt eine Liste der verfügbaren Shortcuts
@dict	Sucht im Standard-Wörterbuch
@store	Sucht im Kindle-Store
@url	Öffnet die danach angegebene URL im Browser
@web	Google-Suche
@wiki, @wikipedia	Sucht in der Wikipedia
date	Zeigt das aktuelle Datum an

Anhang 5: Kurzbefehle des Kindle 4

Allgemeine Kurzbefehle

MENU-Taste drücken	Uhrzeit in der Titelleiste
TASTATUR + ZURÜCK-Taste	Bildschirm auffrischen
TASTATUR + MENU	Screenshot anfertigen

Kurzbefehle beim Suchen

@help	Zeigt eine Liste der verfügbaren Shortcuts
@dict	Sucht im Standard-Wörterbuch
@store	Sucht im Kindle-Store
@url	Öffnet die danach angegebene URL im Browser
@web	Google-Suche
@wiki, @wikipedia	Sucht in der Wikipedia

Kurzbefehle bei geöffneter virtueller Tastatur

TASTATUR + CURSOR RECHTS	7 Buchstaben nach rechts
TASTATUR + CURSOR LINKS	7 Buchstaben nach links
TASTATUR + SEITE ZURÜCK (rechts)	Wie Löschtaste
TASTATUR + SEITE VOR (rechts)	Wie Leertaste
TASTATUR + SEITE ZURÜCK (links)	Textcursor nach links
TASTATUR + SEITE ZURÜCK (rechts)	Textcursor nach rechts

Anhang 6: Kurzbefehle Kindle Touch

Allgemeine Kurzbefehle

Oben tippen	Menü
Links tippen / Wischgeste nach rechts	Seite zurück
Mitte / rechts tippen / Wischgeste nach links	Seite vor
Wischgeste nach oben	Kapitel vor
Wischgeste nach unten	Kapitel zurück
HOME gedrückt halten, auf Bildschirm tippen/wischen, HOME halten, loslassen	Screenshot

101

Inhaltsverzeichnis

Impressum

Rechtliches: Alle Inhalte dieses Buchs unterliegen dem Urheberrecht des Autors, Matthias Matting, Sieglgut 51, 94034 Passau. Für weitere Bücher von Matthias Matting besuchen Sie doch gern www.ao-edition.de. Kontakt: kindle@matting.de

Das Titelfoto wurde von Wolf Heider-Sawall zur Verfügung gestellt – vielen Dank dafür.

ISBN: 9783842369191